도쿄의 하늘은 하얗다

東京の空は白

도쿄의 하늘은 하얗다

오다윤 지음

행복을 찾아 떠난 도쿄, 그곳에서의 라이프 스토리

세나북스

하얀 도쿄 하늘에 그린 나의 꿈

도쿄에서의 찬란한 시간들을

추억하며

Prologue

꼭 만나야 하는 운명은 어떻게든 만나게 된다고 한다. 서른이 넘어서 아직도 그런 철없는 소리 하냐는 핀잔을 들어도, 역시나 도쿄는 내게 그런 운명적 존재였음을 믿는다. 운명이 아니고서야 이렇게 완벽할 수 없으니까.

한국에서의 삶은 언제나 똑같았다. 무언가에 홀린 듯 공부하고, 죽을힘을 다해 취업하면 남은 건 노력한 만큼 보장된 행복이 아닌, 사회라는 거대한 정글에 순응하는 삶이었다. 다음은 또 어떤 숙제들이 주어질까…. 대충 알 것 같은데 더는 알고 싶지 않았다. 이 끝없는 숙제들은 늘 버겁기만 했다.

사람은 자기 안의 틀을 깨고 싶을 때 여행을 떠난다는데 나도 인생에서 그런 여행을 꼭 한번 해보고 싶었다.

"그래, 내가 지금 사는 세상이 전부가 아니야. 서울보다 더 큰 도시, 도쿄에서 보란 듯이 행복하게 살 거야."

대도시에 대한 동경이었을지 모르고 '아메리칸드림'이 아닌 '도쿄드림'을 꿈꾸며 남들과는 다른 미래를 기대한 것인지도 모른다. 하지만 용기를 넘어선 무모함은 때로 통할 때가 있다. 도쿄는 상상 그 이상의 모습으로 내 기대에 답해주었고 젊음의 영혼이 할 수 있는 최고의 사치를 도쿄에서 마음껏 누렸다.

왜 많고 많은 나라 중 일본이고 도쿄였냐고 묻는다면 확실히 대답할 수는 없다. 그저 도쿄가 좋았다. 좋아하는 것에 이유는 없다는 말을 실감하며 5년간 도쿄에 가고 또 가고 살다가 돌아오고 다시 가고를 반복했다. 그 시간은 나자신도 모르는 그 질문의 답을 찾기 위한 긴 여정이었는지도 모른다.

나에게 도쿄는 무엇이든 그릴 수 있는 하얀 도화지 같으면서도 찬란한 빛이 가득한 하얀 하늘을 닮아있었다. 도쿄에서 학생과 직장인으로 살며 나의 젊은 날을 마음껏 그렸고 매 순간이 너무나 행복하고 벅찼다. 그리고 이 경험들이

다른 사람에게 도움이 될 수 있지 않을까 하여 조금씩 써 내려간 글이 모여 책이라는 큰 선물로 돌아왔다.

내가 도쿄에서 느끼고 경험했던 꿈, 사랑, 성장, 청춘이 고스란히 담겨있는 이 책이 도쿄에 무심했던 사람에게는 도쿄의 숨겨진 매력을 발견하는 기쁨을 알게 하고 도쿄를 이미 경험한 사람에게는 오래된 추억의 조각을 다시 끄집어내는 계기가 되기를 바란다. 그리고 아주 조금 더 욕심을 부려 이 책을 통해 도쿄라는 무대에서 활약하는 사람들이 생긴다면 더할 나위 없이 기쁠 것이다.

책이 나오기까지 응원해준 사랑하는 가족과 친구들에게 고맙다는 말을 전한다. 긴 시간을 묵묵히 애정 어린 마음으로 응원해주신 세나북스 대표님께 가장 감사드린다. 글을 쓰면서 낯선 도시에서도 외롭지 않게 해준 일본 친구들, 회사 동료들의 소중함을 다시 한번 느꼈다. 그리고 평범한 듯했던 도쿄 생활에 반짝이는 빛이 되어준 A씨에게도 감사의 마음을 전한다.

2022년 7월, 일본과 한국의 어느 경계에서

오다윤

Contents

1.
City
Tokyo

용기가 필요한 도시, 새로움과 익숙함이 공존하는 도시, 부족함이 없는 도시.

변덕스러운 섬나라 날씨가 마음을 흔들고 벚꽃과 함께 내리는 눈은 꿈처럼 몽환적이다. 옛 아날로그 감성에 그리움과 반가움이 교차하는가 하면 세계를 선도하는 트렌디함은 도심 속 모험을 떠나게 한다. 개성 뚜렷한 도시들을 한데 모아 놓은 거대 도시 같으면서도 곳곳에 아기자기함이 묻어있는 감성 도시다.

내가 아무리 나를 보여주고 드러내고 싶어도 조연밖에 할 수 없는 무대라면 주연이 될 무대를 찾아 떠나는 건 어쩌면 너무나도 자연스러운 일 아닐까.

나의 찬란한 청춘의 무대가 되었던 그곳, 도쿄를 소개한다.

도쿄의 새로운 하늘,
시부야

소중한 것을 깨닫는 장소는 언제나 컴퓨터 앞이 아니라 파란 하늘 아래였다

\- 다카하시 아유무

아직도 또렷이 기억한다. 서울 지하철 2호선과 똑같은 초록색 야마노테선 개찰구를 나와 첫발을 디뎠던 그 순간을. 처음 본 시부야 渋谷는 도시의 불빛 속에 밤이 사라져버린 느낌이었다. 하늘에 닿을 것 같이 높이 솟은 건물, 눈부신 네온사인, 집채만 한 광고판, 수많은 인파가 만들어내는 스크램블 교차로의 역동적인 롱테이크. 내가 도쿄에 왔다는 실감으로 가슴이 쉴 새 없이 뛰었다. 그 순간은 영원히 깨고 싶지 않은 꿈같았다.

그로부터 7년 뒤, 남자친구가 시부야로 이사 오면서 시부야는 내 일본 생활의 대부분을 차지한 메인 아지트가 되었다. 살기 좋고 생활비를 절약할 수 있는 다른 후보들을 제쳐 두고 그가 굳이 시부야를 선택한 이유는 특이했다. 도쿄는 2020 올림픽을 맞아 100년에 한 번 올까 말까 하는 대규모 재건축 프로젝트를 시행하고 있었는데, 그 도시 프로젝트의 최중심지가 시부야였다. 남자친구는 평생 다시 오지 않을 도쿄의 가장 역동적인 변화를 살면서 직접 느껴보고 싶다고 했다.

그의 말대로 시부야는 계절이 바뀌고 날이 흘러감에 따라 모습을 달리해갔다. 특히 시부야의 남쪽 지역은 히카리에, 시부야 스트림, 미야시타파크 같은 대규모 상업시설이 들어서면서 신선한 변화의 바람이 도심을 가득 메웠다.

2019년 11월, 드디어 시부야에서 가장 높은 건물 '시부야 스크램블 스퀘어'가 완공됐다. 도쿄가 야심 차게 준비한 새로운 랜드마크로 지하 2층부터 14층까지 200여 개가 넘는 트렌드 숍과 레스토랑이 들어섰고, 각종 미디어에서 연일 내보내는 광고와 홍보 속에 사람들의 기대감은 높아져 갔다.

시부야 스크램블 스퀘어에서 가장 주목을 받은 것은 지상 230m 높이에서 도쿄를 360도 내려다볼 수 있는 옥상 야외 전망대 '시부야 스카이 SHIBUYA SKY'였다. 야경이 아름답기로 유명한 도쿄에는 이미 도쿄 타워, 스카이트리, 도쿄도청 등 수많은 전망대가 있지만, 시부야에 전망대가 생긴 것은 처음이었다. '처음'이란 단어에 매료되지 않는 사람이 있을까. 개장 첫날 바로 표를 예약했다. 시부야의 가장 높은 곳에서 보는 하늘과 야경은 어떤 모습일지 가슴이 두근거렸다.

개장 첫날! 건물 안을 들어갈 수 없을 만큼 수많은 인파가 몰렸다. 새로운 것에 무심하면서도 소리 없이 열광적인 것이 일본 사람들이다.저녁을 먹고 8시쯤 시부야 스카이 입구에 도착했다. 혜성의 속도를 표현한 듯한 신비로운 엘리베이터를 타고 전망대로 올라갔다.

문이 열리고 드디어 마주하게 된 시부야 스카이! 첫인상은 까만 도화지가 사방에 전시된 느낌이었다. 다시 보니 그 도화지는 까만 벽도 콘크리트 벽도 아닌 '밤하늘'이었다. 바로 눈앞에 생생하게 펼쳐지는 시부야의 빛바랜 하늘, 살갗으로 느껴지는 밤공기, 코를 스치는 바람 냄새, 까만 도화지에 수없이 점을 찍어 놓은 예술 작품 같은 야경에 모두가 넋을 잃었다.

"너무 예쁘다."

"저기 도쿄 타워 좀 봐!"

아름다운 도쿄를 보고 있으니 내 삶의 무대였던 도쿄에서 보냈던 지난날이 떠오르며 수많은 기억이 머릿속을 스쳐 갔다. 치열하게 임했던 매 순간순간, 기쁨에 설레었던 마음, 남몰래 흘렸던 눈물, 때로는 짐스러웠던 사람들의 기대.

시간이 지나서야 비로소 알 수 있는 것이 있다. 나중에 내 인생을 돌아볼 때 이 도쿄의 야경처럼 아름다웠다고 말할 수 있을까. 아직은 답을 내릴 수 없다. 하지만 믿는다. 열심히 살아가는 지금의 하루하루가 언젠가는 내 인생을 아름답게 장식하는 빛으로 반짝일 것이다.

시부야는 더 이상 복작복작하기만 한 곳이 아니다. 젊음, 쾌적함, 다양함을 누릴 수 있는 선택의 자유, 그것이 시부야를 더욱 즐겁게 한다.

시부야 핫플레이스

시부야 스크램블 스퀘어
Shibuya scramble square

2019년 11월에 오픈한 대형 복합 시설로 일본의 트렌드를 선도하는 패션, 라이프스타일 잡화, 카페, 레스토랑 등 총 213개 점포가 입점해 있다. 시부야에서 가장 높은 230m 높이의 빌딩으로 옥상에는 도쿄를 한눈에 내려다볼 수 있는 시부야 스카이가 있다.

주소 2 Chome-24-12 Shibuya, Shibuya City, Tokyo 교통 JR야마노테선, 사이쿄선, 쇼난신주쿠선, 도쿄메트로한조몬선, 긴자선, 후쿠토신선, 도큐토요코선, 덴엔토시선, 게이오 이노카시라선 시부야역에서 직결. 지하 출입구 번호 B6

시부야 스트림
Shibuya stream

시부야 강을 콘셉트로 한 귀여운 아지트 같은 개성이 매력적인 곳. 시부야 재개발 프로젝트의 일환으로 시부야의 새로운 흐름을 만든다는 상징적 의미가 있다. 건물 전체가 개방된 젊고 활기찬 분위기에 저녁에는 시부야 강의 가로등 불빛과 일곱 가지 색의 레인보우 계단이 만드는 야경으로 MZ세대의 시선을 끌고 있다. 지상 35층에서 지하 4층까지 있고 내부에는 호텔, 레스토랑, 문화시설이 들어서 있다.

주소 3 Chome-21-3 Shibuya, Shibuya City, Tokyo 교통 JR야마노테선, 사이쿄선, 쇼난신주쿠선, 도쿄메트로한조몬선, 긴자선, 후쿠토신선, 도큐토요코선, 덴엔토시선, 게이오 이노카시라선 시부야역 C2 출구

미야시타 파크
MIYASHITA PARK

공원과 상업 시설, 호텔이 합쳐진 새로운 형태의 공원 복합 시설. 미야시타 파크 건물 오른쪽에 신설된 길거리 주점 시부야 요코쵸가 인기다. 일본 전국 각지를 대표하는 점포들이 모여 있어 여러 지역 대표 요리와 특산물을 다양하게 즐길 수 있다. 24시간 영업하는 매장도 있으니 미리 확인하면 좋다. (매장에 따라 영업시간이 다를 수 있음).

주소 6 Chome-20-10 Jingumae, Shibuya City, Tokyo 교통 JR야마노테선, 사이쿄선, 쇼난신주쿠선, 도쿄메트로 한조몬선, 긴자선, 후쿠토신선, 도큐토요코선, 덴엔토시선, 게이오 이노카시라선 시부야역에서 도보 약 3분 영업시간 매일 8:00~23:00

현지인 추천 맛집

츠케멘야 야스베 시부야점
つけ麺屋やすべえ 渋谷店

이미 알 사람들은 다 안다는 도쿄 츠케멘 탑3 가게. 한번 맛보면 야스베만의 특유의 감칠맛을 절대 잊을 수 없다. 입안을 감싸는 신맛이 계속 입맛을 돋운다.

주소 3 Chome-18-7, Shibuya City, Tokyo 영업시간 월~토요일 오전 11:00~오전 3:00 / 일요일 11:00~23:00 교통 시부야역 동쪽 출구에서 히로오 방면으로 도보 2분

몬자야끼 마스다테이
もんじゃ焼 マスダ亭

시부야 스크램블 교차로에 위치한 진정한 로컬 맛집. 신선한 재료, 강하지 않은 양념으로 한국인 입맛에도 제격이다. 오코노미야키, 몬자야키를 만드는 것이 서툰 외국인 고객에게는 점원이 직접 만들어 주기도 한다.

주소 22-1 Udagawacho, Shibuya City, Tokyo 교통 시부야역에서 도보 1분(212m) 영업시간 12:00~22:10 (L.O 21:30) ※점심 메뉴는 12:00~15:00 ※월 1회 휴무. 미리 문의 필수!

d47식당
d47食堂

일본 47개 각 지역의 식재료와 개성이 담겨있는 맛있는 일본 정식을 맛볼 수 있다. 정성스러운 한 끼, 멋진 시부야 전망은 나에게 주는 최고의 사치다.

주소 Hikarie, 8th floor, 2 Chome--21-1, Shibuya City, Tokyo 교통 시부야역에서 도보 241m 영업시간 [월·화·목]11:30~20:00 (식사 L.O 19:00, 음료 L.O 19:30) [금·토·공휴일 전날]11:30~21:00 (식사, 음료 L.O 20:00) [일]9:00~11:00 / 11:30~20:00 (식사 L.O 19:00, 음료 L.O 19:30) ※매주 일요일은 조식 영업 있음 / 수요 정기 휴무

29

남과 같을 필요는 없다. 마이페이스!
기치죠지

너 한 사람밖에 없어. 나에게 평범한 나날을 선사해 줄 사람

- 영화 <너의 췌장을 먹고 싶어> 중에서

도쿄 사람들이 가장 살고 싶어 하는 곳 15년 연속 1위를 차지한 기치죠지 吉祥寺. 누구나 첫눈에 보고 반할 정도로 완벽한 아이돌 같은 느낌일까 싶지만, 실상은 보면 볼수록 끌리는 '볼매(볼수록 매력 있음)'에 가깝다.

대학원에 입학하기 전 조금이라도 더 일본어 실력을 쌓기 위해 미타카 三鷹에 있는 어학원에 등록한 적이 있다. 미타카는 기치죠지 바로 옆에 있는 작은 동네로, 애니메이션 감독 미야자키 하야오의 지브리 미술관이 있는 곳으로 유명하다. 하지만 지브리 미술관 외에는 정말 아무것도 없는 주택가여서 쇼핑을 하거나 필요한 물건을 사려면 버스를 타고 기치죠지로 가야만 했다.

꿈에 그리던 도쿄 생활! 주말에는 어디로든 떠나고 싶었다. 개찰구 위에 미로처럼 그려진 지하철 노선도가 마치 보물찾기 지도 같았다. 하지만 내 모험의 여정 중 기치죠지는 가장 가깝지만 선택받지 못한 외면의 대상이었다. 젊은 층이 많고 쇼핑하기 좋은 시부야, 볼거리가 많은 고급스러운 긴자, 예쁘고 세련된 오모테산도보다 기치죠지는 화려하지도 않고 신나는 일도 좀처럼 일어나지 않는 극히 평범한 동네였다. 기치죠지만의 매력이 무엇인지, 왜 일본 사람들이 그렇게 좋아하는지 도무지 알 수 없었다. 결국 기치죠지가 유명해진 이유는 순위 매기기 좋아하는 일본 사람들의 특징 때문이라고 혼자 결론을 내리기에 이르렀다.

그로부터 5년 뒤, 유학생이 아닌 직장인으로 다시 찾은 기치죠지는 내 예전의 기억과는 사뭇 달랐다. 도심에서 너무 가깝지도 멀지도 않은 적당한 거리, 번잡하지도 조용하지도 않은 잔잔한 분위기, 저절로 미소가 지어지는 예쁜 디저트 가게, 개성 있는 아티스틱한 상점과 이노카시라 공원까지. '산다' 하면 이런 곳에 살고 싶다는 '어른들의 로망'이 기치죠지에 전부 있었다. 보이는 것만 중요하게 생각하던 어린 시절의 눈과 조금은 다른, 더 현실적으로 변한 지금의 나는 5년 전과 다르다고 기치죠지는 말해주고 있었다.

하루가 다르게 변하는 도쿄라고 전부 똑같이 변할 필요는 없다. 남을 따라 하기는 쉽지만, 그 안에서 자신을 지켜나가기란 어려운 일이다. 그럼에도 자기중심을 잘 지키고 스스로와 타협하지 않는 시간들이 차곡차곡 쌓이다 보면, 언젠가는 나를 알아주고 인정해주는 누군가가 나타나 주지 않을까. 이미 자기만의 개성으로 많은 사랑을 받는 기치죠지처럼 말이다.

기치죠지 핫플레이스

지브리 미술관 Ghibli Museum Mitaka

미야자키 하야오 감독의 작품 세계를 체험할 수 있는 공간, 지브리 애니메이션을 좋아하는 사람에게는 더할 나위 없는 천국이고 지브리 애니메이션에 관심 없는 사람도 특유의 몽환적인 분위기에 반하게 된다.

주소 1-1-83 Shimorenja-ku, Mitaka ,Tokyo 개관 시간 10:00~17:00 휴관일 연말연시 휴무(홈페이지 확인) 교통 JR 미타카역 남쪽 출구에서 유료 셔틀 버스 이용 → 지브리 미술관 하차 이용료 성인 1,000엔, 중·고등학생 700엔, 초등학생 400엔, 어린이 100엔. 4세 미만 입장 무료 ★최소 한 달 전 예약 필수 (홈페이지/전화) ★셔틀 버스(7:20~20:00) 미타카역 남쪽 출구 ⇔ 지브리 미술관 - 편도 성인 210엔, 어린이 110엔 - 왕복 성인 320엔, 어린이 160엔

현지인 추천 맛집

사이드워크 스탠드 이노카시라
SIDEWALK STAND INOKASHIRA

맛있는 빵과 커피로 명성을 얻은 사이드워크 스탠드 나카메구로의 분점이다. 시그니처 메뉴 비터 오렌지 아메리카노를 마시며 2층 창가에서 공원 전망을 감상하거나 테이크아웃해서 이노카시라 공원 앞을 한가로이 산책해 보기를 추천한다.

주소 3 Chome-31-15 Inokashira, Mitaka, Tokyo 영업시간 매일 9:00~21:00 매주 화요일 휴무 교통 게이오 이노카시라 선 이노카시라 공원역에서 도보 2분

오모테나시 토리요시 기치죠지점
おもてなしとりよし 吉祥寺店

야끼토리, 테바사키 전문점. 고급스러운 일본 정원 분위기에 한 번 반하고 합리적인 가격과 정갈한 음식에 두 번 반하게 되는 곳.

주소 Inokashira Park side building B1F, 1 Chome-21-1, Kichijoji Minamicho, Musashino, Tokyo 영업시간 11:30~22:00 (L,O 21:30) 연중무휴 (1월 1일 제외) 교통 JR 기치죠지역 도보 3분 / 게이오 이노카시라 선 기치죠지역 도보 3분

트리반드럼
TRIVANDRUM

이노카시라 공원 입구 맛집 거리에 위치한 인기 베이커리. 도쿄 유명 레스토랑이 출시한 베이커리로 레스토랑에서 실제로 쓰는 재료와 조리 방법을 그대로 사용하여 높은 품질의 빵과 샌드위치를 제공한다. 재료 가득 볼륨감 넘치는 샌드위치가 시그니처 메뉴. 간단히 점심을 해결하거나 공원에 소풍 갈 때 들르기에 안성맞춤이다.

주소 1F 1-15-6 Kichijoji Minami-cho, Musashino City, Tokyo 영업시간 9:00~18:30 연중무휴 교통 기치죠지역 공원 출구(남쪽 출구)에서 도보 4분

세상에서 가장 세련된 산책,
도쿄역 마루노우치

꿈을 잃는 것보다 더 슬픈 건 자신을 믿어 주지 않는 것

- 히라하라 아야카, 「Jupiter」

일본 경제를 움직이는 심장부이자 황궁과 도쿄역, 일본 대기업 본사가 한곳에 모여 있는 마루노우치 丸の内. 이런 거창한 수식어를 들으면 저절로 답답한 고층빌딩 숲이 연상되지만, 마루노우치의 실제 모습은 세련되고 고풍스럽고 우아하다. 뉴욕의 어느 멋진 거리가 연상되는 중심 거리 나카도리 仲通りの의 양쪽 보도에 늘어선 청량한 가로수길과 웅장하고 품격 있는 옛 서양식 건물, 곳곳에 보이는 미술관과 노천카페들…. 이 거리에서는 그늘진 벤치에 앉아 잠시 휴식만 취해도 멋스럽다.

나와 마루노우치의 인연은 중학생 때로 거슬러 올라간다. 우연히 일본 문화를 접하면서 도쿄에서 꼭 한번 살아보고 싶다는 꿈이 생겼다. 도쿄에 갈 수 있는 여러 방법을 고민하다가 일본 대학원에 '연구생 과정'이 있다는 것을 알게 됐다. 석사 과정에 입학하기 전 연구실 분위기도 익히고 일본어와 전공 공부에 전념할 수 있도록 돕는 유학생을 위한 제도이다. 일본어를 전문적으로 배운 적도 없고 학교 전공 공부도 계속해보고 싶었던 나에게 더없이 좋은 기회라는 생각이 들었다.

그렇게 대학교 4학년 때부터 남들이 다 하는 취업 준비가 아닌 유학 준비를 시작했다. 유학 자체로도 이미 내게는 큰 도전이었지만, 사실 가장 큰 문제는 따로 있었다. 내 지원 대학교 1순위가 겁도 없이 일본 최고 대학, 도쿄대학교라는 것. 명문대학교 학생도 아니고 문부성 장학생도 아닌 내가?! 지금 생각하면 남에게 말하기 창피할 정도의 꿈이었지만, 이왕 하는 거 최고를 목표로 하자는 패기가 있었다.

일본 전문 유학원을 찾아가 준비를 도와주실 일본인 교수님을 소개받았고, 그 교수님의 도움을 받아 연구계획서와 소논문을 완성하여 도쿄대학교 종교학과 교수님 한 분께 메일을 보냈다. 대학교 수업을 들으며 학기 내내 대학원 서류 준비를 하다 보니 어느새 여름방학이 코앞으로 다가와 있었다. 하지만 내가 지원 서류를 넣은 곳은 이제 겨우 단 한 곳뿐이었다. 방학 동안 부지런히 다른 대학교에도 지원서를 보내야 했다. 그렇게 기약 없는 하루하루를 보내며 바쁘게 지내던 어느 여름날, 도쿄대학교로부터 입학 허가 메일을 받았다.

합격 통지서를 받았을 때는 믿기지 않을 정도로 기쁘면서도 그동안 고생했던 시간이 생각나 눈물이 났다. 생전 처음 써보는 연구계획서, 소논문, 어중간한 일본어 실력 등 채워 나가야 할 과제가 산 같이 높게만 느껴졌다. 무엇보다 부모님은 물론이고 나조차 확신할 수 없는 내 막연한 미래가 견디기 힘들었다. 하지만 한국이 아닌 다른 곳에서 가장 아름다운 청춘을 보내고 싶다는 꿈은 도전을 끝까지 포기하지 않게 했다. 아무도 나를 응원해주지 않을 때, 무모하다 비난할 때, 나조차 자신을 믿어주지 않는다면 이룰 수 있는 꿈은 아무것도 없을 것이다.

봄기운이 완연하던 4월의 첫 수업 날, 고즈넉한 분위기의 서양식 건물들 사이로 내가 앞으로 공부하게 될 인문 사회계 연구과 건물이 보였다. 떨리는 마음을 다잡고 강의실에 들어가 자리에 앉았다. 첫 수업은 학부생과 대학원 신입생이 자신을 소개하는 오리엔테이션이었다. 한 명, 한 명 앳된 얼굴들이 눈에 들어왔다. 당당하게 자신의 관심 분야를 말하는 학생들의 모습이 눈부시게 빛났다. 그들 중 가장 주목받는(?) 외국인 학생으로 나도 떨리는 자기소개 겸 인사를 마쳤고 그제야 정식 학생으로 인정받은 실감이 들었다. 꿈에 그리던 대학원 생활이 시작되었고 그렇게 내 인생에도 꽃길이 열리는 줄 알았다.

하지만 안타깝게도 내 기대와 설렘은 그리 오래가지 않았다. 시간이 지날수록 일본 최고의 천재들 사이에 섞여 있다는 압박감에 자신감은 바닥으로 떨어졌고 '열심히 공부하다가 괜찮으면 학자로 살지 뭐!' 하고 막연히 생각했던 자신이 우스울 정도로 공부에 재능도 보이지 않았다. 언제까지 이곳에 있어야 하는지, 계속 있어도 되는지 고민과 걱정이 꼬리에 꼬리를 물고 이어졌다.

사람은 힘들 때 마음을 위로받을 곳을 찾는다. 내가 도쿄에서 찾은 영혼의 위로처는 마루노우치였다. 수업이 일찍 끝나거나 방학 때 도서관에서 공부를 마치고 나면 홀로 도쿄역으로 향했다. 보기만 해도 가슴이 트이는 널찍한 거리, 은은한 가로수길, 저절로 시선이 멈추는 이국적 건물, 밤을 낮처럼 환히 밝히는 건물의 불빛은 걱정과 불안을 잠시 잊기에 충분한 풍경이었다. 그렇게 아무 생각 없이 걷다 보면 내 옆을 스쳐 지나가는 직장인들이 보였다. 하루하루를 열심히 살아가는 이들의 치열함과 열정이 분명 마루노우치로 이들을 데려왔을 것이다.

열망하는 것이 있었고 노력해서 잡은 소중한 기회, 열심히 살았던 지난날들이 있었다. 이 자체만으로도 내가 도쿄에 있어야 할 이유는 충분했다.

'그래, 좀 부족해도 괜찮아. 나 자신을 믿어주자! 우선 해보자!'

끝나지 않을 것 같은 길을 걸으며, 그렇게 다시 앞으로 나아갈 힘을 얻었다.

한번 성한 것은 반드시 쇠한다고들 한다. 하지만 이 거리만은 밝은 미래를 향해 언제까지고 그 자리에서 빛나주었으면 좋겠다.

마루노우치 추천 명소

키테 마루노우치
KITTE 丸の内

과거 도쿄 중앙 우체국 자리에 2013년 오픈한 상업시설. 키테라는 이름은 일본어로 우표(切手)와 오세요(来て)라는 두 가지 의미가 있다. 겨울마다 열리는 크리스마스 이벤트로 유명하다. 마루노우치는 겨울 일루미네이션이 아름답기로도 유명하다. 도쿄역 앞 광장은 물론 건물 곳곳마다 성대한 크리스마스트리와 이벤트를 볼 수 있으니 크리스마스 시즌에 꼭 가보길 추천한다.

주소 2 Chome-7-2 Marunouchi, Chiyoda City, Tokyo 영업시간 평일 11:00~21:00 일요일, 공휴일 11:00~20:00 교통 JR 야마노테선, JR 주오선, JR 소부선 마루노우치 남쪽 출구 도보 1분 도쿄역 마루노우치선 지하철 직결

옥상정원

키테 6층, 신마루노우치 빌딩 7층, 마루노우치 빌딩 36층에는 도쿄역과 광장, 황궁까지의 전망을 무료로 볼 수 있는 옥상정원이 있다. 보기만 해도 가슴이 뚫리는 마루노우치의 전망은 언제나 좋다.

미츠비시 1호관 미술관
三菱 一号館 美術館

영국 앤 여왕 시대 양식의 웅장한 미술관으로 유럽 미술 컬렉션의 다양한 작품을 정기적으로 전시한다. 특히 유럽을 연상케 하는 아름다운 정원이 유명하다.

주소 2 Chome-6-2 Marunouchi, Chiyoda City, Tokyo 영업시간 10:00~18:00 교통 JR 마루노우치역 도보 2분 ※공휴일 - 매주 월요일, 연말연시 ※입관은 폐관 시간 30분 전까지 ※폐관일 - 매주 월요일, 연말, 설날, 전시 대체 기간 ※임시 개관·휴관 있음

도쿄역

현지인 추천 맛집

하카타 모츠나베 야마야 마루노우치점
博多もつ鍋 やまや 丸の内店

하카타 요리 전문 체인점. 명물 후쿠오카 하카타 명란을 무한리필로 먹을 수 있다. 런치에는 일본 가정식 정식을 저녁에는 모츠나베를 판매한다.

주소 1-4-1 B1F Marunouchi Eiraku Bldg. (iiyo!!), Marunouchi, Chiyoda, Tokyo 영업시간 런치 11:00~15:00 (L.O 14:00) / 디너 17:00~22:00 (L.O 21:00) 정기 휴무일 일요일, 공휴일(연말연시는 휴일) 교통 JR 도쿄역 마루노우치 북쪽 출구에서 도보 4분 도쿄 메트로선 오테마치역(大手町駅) 직결

부타스테
豚捨

이세규로 만든 스키야키, 샤브샤브, 규동을 제공하는 가게. 일본 미에현의 이세시에서 메이지 42년(1909년)에 창업한 가게의 분점으로 가격이 조금 있는 편이다. 런치타임을 적극 이용해 볼것을 추천한다. 규나베 스기(杉)가 대표메뉴다.

주소 KITTE 5F, 2-7-2 marunouchi, chiyoda-ku, Tokyo 영업시간 11:00~14:30/17:00~21시(월~토) 11:00~14:30/17:00~ 22:00(일, 공휴일) 정기 휴무일 연중무휴 교통 도쿄역 마루노우치 남쪽 출구에서 도보 1분. KITTE 5층

파리앗쵸 마루노우치 나카토오리점
パリアッチョ 丸の内 仲通り店

도쿄역 마루노우치 중앙 출구에서 걸어서 5분 정도, 마루노우치 나카세도리 한복판에 위치한 세련된 이탈리안 전문점. 위치뿐 아니라 맛, 가격, 분위기 모두 훌륭해서 너무 무겁지 않게 분위기 좋은 곳에서 기분 내고 싶을 때 추천한다. 특히 디저트가 어느 전문 디저트 가게 못지않게 맛있다.

주소 2 Chome-2-3 Marunouchi, Chiyoda City, Tokyo 영업시간 11:30~16:00 (L.O 15:00 / 18:00~23:00 (L.O 22:00), 일요일 영업 정기 휴무일 무휴 ※연말연시 제외 교통 도쿄역 도보 5분 / 니주바시역 앞에서 95m

네가 좋아 에일리언,
신주쿠

무사태평하게 보이는 사람들도 마음속 깊은 곳을 두드려보면

어딘가 슬픈 소리가 난다.

- 나츠메 소세키, 『나는 고양이로소이다』

일본 최대의 번화가, 세계에서 가장 유동 인구가 많은 곳으로 기네스북에 이름을 올린 신주쿠 新宿. 그래서일까, 신주쿠에는 참 다양한 사람들이 모인다. 같은 양복점에서 맞춘 듯한 검은색 정장의 샐러리맨들, 카페 안을 가득 메운 교복 차림의 학생들, 진한 스모키 화장을 한 호스트들, 눈이 휘둥그레질 정도로 튀는 코스프레를 한 코스어들, 대낮에도 도쿄 최대의 환락가 가부키초를 어슬렁거리는 취객들까지. 일본의 다양한 개성을 제대로 느낄 수 있는 곳이다.

신주쿠를 배경으로 한 할리우드 영화 <사랑도 통역이 되나요?>는 한물간 50대 배우 밥과 일찍 결혼한 20대 무직 여성 샬롯이 도쿄라는 낯선 도시에서 우연히 만나 서로의 외로움을 채워주고 자신의 존재 의미를 찾아가는 멜로드라마다. 이방인의 눈에 비친 도쿄와 타지에서 느끼게 되는 낯섦, 외로움을 깊이 있게 그려냈다. 특히 남자 주인공이 택시 안에서 생경한 눈빛으로 신주쿠의 밤거리를 쳐다보는 장면을 보면 처음 도쿄에 왔을 때의 내 모습이 생각나 몇 번이고 돌려보게 된다.

도쿄의 이방인, 영화의 주인공처럼 나도 신주쿠에서 홀로서기를 시작했다. 어학원 과정이 끝나고 유학할 동안 머무를 집을 찾고 있었는데, 마침 지인분이 신주쿠의 월세 집을 하나 소개해주셨다. 오래된 맨션이었지만, 워낙 도쿄 중심부라 월세는 높은 편에 속했다. 마땅히 그 당시 들어갈 수 있는 집이 없었다는 점, 숨은 속내는 도쿄의 중심 of 중심 신주쿠에 한번 살아보고 싶다는 욕심에 부모님께 죄송하지만, 그 오래된 신주쿠 맨션에 보금자리를 잡았다.

해외에서 처음 경험하는 홀로살이는 '자유' 그 자체였다. 새벽까지 친구와 신나게 놀고 텔레비전은 집안을 영화관으로 만들 정도로 크게 틀어놓고 피곤하면 설거지는 뒷전으로 미루고 츄리닝 차림으로 집 앞에 나가 소바나 규동, 텐푸라(튀김)를 마음껏 사 먹었다. 길에 빼곡히 늘어선 드럭 스토어, 루미네

LUMINE, 이세탄 백화점, 기노쿠니야 서점까지…. 없는 것 없는 천국이었다. 무엇이든 나를 위해 준비된 것 같았다.

하지만 시간이 지나면서 깨달았다. 타국에서 산다는 것은 모두에게 주어지지 않는 설레는 모험이면서도 그 이면에 감당해야 할 무게 또한 절대 가볍지 않다는 것을.

외국인이기에 매번 부딪히는 보증인 문제, 완벽하지 않은 언어, 처음 느껴보는 낯선 시선, 알아들을 수 없는 옛날 유명인 이야기, 홀로 지내는 명절, 친구는 될 수 있지만 가족은 될 수 없는 모순….

무라카미 하루키는 이방인을 '완전히 자기 자신이 될 수 있는 경험'이라고 표현했다. 그랬다. 태어난 나라, 가족이라는 울타리를 벗어난 나는 그저 세상에 던져진, 아무것도 아닌 작은 존재에 불과했다. 특별하지도, 그렇다고 이상하지도 않은 어중간한 사람의 경계를 떠도는 시간이었다.

유학생과 회사원을 거쳐 도쿄에서 보낸 5년. 도쿄에서 느꼈던 이방인의 감각, 홀로서기의 무게가 없었다면 나는 언제까지고 부모님 그늘 밑 어른아이에 머물고 있을지 모른다. 멋있는 어른은 도대체 언제 될 수 있는 건지 모르겠지만, 자신을 어른이라 착각했던 철없던 그 시절 신주쿠에서 보냈던 아름다웠던 날도 잠들지 못했던 수많은 밤도 지금은 그립다.

달그락 소리를 내며 철도를 달리는 JR선 지하철. 그 위로 서울보다 더 진한 남색 밤이 드리우는 신주쿠는 유독 외롭고 낭만적이다.

신주쿠 핫플레이스

뉴우먼
New woman

여성의 라이프 스타일을 빛나게 해줄 엄선된 상품만을 선보인다는 모토로 오픈한 새로운 개념의 복합 쇼핑몰. 편안하고 조용한 분위기에서 쇼핑을 즐길 수 있다.

주소 4 Chome-1-6 Shinjuku, Shinjuku-ku, Tokyo 영업시간 1~4F, 7F 11:00~22:00 2F 7:00~28:00 (점포마다 다름) 교통 야마노테선 신주쿠역 신남쪽 출구에서 직통

키노쿠니야 서점
紀伊国屋書店

1927년에 창업한 일본을 대표하는 체인 서점. 지하 1층~9층의 본관과 지하 2층~2층의 별관까지 2개의 건물에 서적과 잡지를 포함해 약 100만 권의 책이 판매되고 있다.

주소 3-17-7, Shinjuku, Shinjuku-ku, Tokyo 영업시간 10:00~20:30 교통 신주쿠역 동쪽 출구에서 도보 3분 / 도쿄 메트로 마루노우치선 후쿠토신선 / 도에이 신주쿠선 신주쿠산초메역 B7, B8 출구 도보 1분

도쿄 도청
東京都庁

도쿄 도청 건물은 니시신주쿠의 빌딩 숲 가운데에서도 가장 높은 243m의 높이의 쌍둥이 빌딩으로 45층 전망대를 시민에게 무료로 오픈하고 있다.

주소 2-8-1, Nishishinjuku, Shinjuku-ku 운영시간 북쪽 전망대 9:30~23:00 / 남쪽 전망대 9:30~17:30 휴관일 남쪽 전시실 제1, 제3 화요일 / 북쪽 전시실 제2, 제4 월요일 교통 신주쿠역 서쪽 출구에서 도보 약 10분, 오에도 선 도초마에역에서 도보 5분

가부키초
歌舞伎町

일본 제일의 환락가로 낮에는 인적이 드물고 밤에 활기를 띠어서 '잠들지 않는 도시'라고 불린다. 화려한 네온사인과 로봇 레스토랑, 토호 시네마(TOHO CINEMAS) 외관에 달린 실제 사이즈의 고질라가 유명하다.

주소 1Chome, Kabuki-cho, Sinjuku-ku 교통 야마노테선 신주쿠역 동쪽 출구에서 도보 5분

현지인 추천 맛집

라멘 타츠노야 신주쿠
ラーメン龍の家新宿

음식점이 많은 신주쿠에서도 손에 꼽히는 라멘 맛집으로 유명한 타츠노야. 백종원의 소개로 한국 방송에 나오기도 했다. 대표 메뉴인 후쿠오카식 돈코츠 라멘도 맛있지만, 특별 메뉴인 곱창 츠케멘은 곱창을 별로 좋아하지 않는 사람도 빠져들게 하는 마성의 맛이다.
주소 富士野ビル 1F, Nishishinjuku, 7 Chome-4-5 Shinjuku City, Tokyo 영업시간 11:00~23:30 (L.O 23:00), 연중무휴 교통 JR 신주쿠역 서쪽 출구에서 도보 10분 / 세이부 신주쿠역 북쪽 출구에서 도보 5분, 남쪽 출구에서 도보 7분

텐푸라 신주쿠 츠나하치 총본점
天ぷら新宿つな八 総本店

일본 연예인들이 방송에서 스스럼없이 추천하는 신주쿠를 대표하는 튀김 가게. 재료 본연의 맛을 살린 가벼운 튀김옷이 특징이다. 튀김이 식지 않도록 먹을 때마다 튀김을 하나씩 그릇에 올려준다.

주소 3 Chome-31-8 Shinjuku, Shinjuku City, Tokyo 영업시간 [월~목] 11:30~21:00 (L.O 20:00) [금] 11:30~22:00 (L.O 21:00) [토] 11:00~22:00 (L.O 21:00) [일, 공휴일] 11:00~21:00 (L.O 20:00) *런치 메뉴는 평일만 가능, 15:30분까지. 연중무휴 (단, 12월 31일, 1월 1일은 휴무, 설비 점검 등에 의한 임시 휴무 있음) 교통 지하철 마루노우치선 / 후쿠토신선 신주쿠산초메역 도보 3분 / JR 신주쿠역 도보 3분

오사카 야끼니쿠 호르몬 후타고
大阪焼肉・ホルモン ふたご

오사카 출신의 사업가가 출시해 일본 수도권을 중심으로 86개 점포, 해외 3개 지점(2021년 10월 31일 현재)을 운영하는 야끼니쿠 체인점. 활기 넘치는 직원들과 합리적인 가격, 직원이 직접 구워주는 서비스까지 전부 만족스럽다. 잠들지 않는 거리 신주쿠에서 화로 위에 고기를 구우며 깊어 가는 밤은 그 어떤 것보다 운치 있다.
주소 14-5 Asada Building 2F, Nishi-Shinjuku 1-chome, Shinjuku-ku, Tokyo 영업시간 평일 17:00~24:00 (L.O 23:30) / 토요일 15:00~24:00 (L.O 23:30) / 일, 공휴일 15:00~23:30 (L.O 23:00) 연중무휴(1/1~1/3 제외) 교통 JR야마노테선 신주쿠역 7번 출구 도보 3분

은화를 만드는 거리,
긴자

우리는 젊고, 갓 결혼을 했고, 햇볕은 공짜였다.

- 무라카미 하루키, 『치즈 케이크 같은 모양을 한 나의 가난』

도쿄에서 가장 비싼 땅, 세계에서 명품 매장이 가장 많이 밀집된 곳, '은화를 만드는 거리' 긴자 銀座는 도쿄에서 가장 화려한 곳이다. 예술, 문화 이벤트가 곳곳에서 열리고 밤거리는 명품 매장의 쇼윈도 불빛으로 반짝인다. 주말에는 긴자의 중심 거리 주오도리 中央通り가 '보행자들을 위한 천국'으로 바뀌어 사람들이 마음껏 차도를 활보하는 진풍경이 펼쳐진다. 차를 가진 사람에게만 허락되었던 '금지 구역'을 자유롭게 활보하는 그 기분이란! 긴자에 있으면 누구에게나 자랑하고 싶은 특별한 공간에 초대된 기분이 든다.

시골에서 갓 상경한 소녀처럼, 긴자라면 무엇이든 신기해하던 내가 긴자에서 직장을 다닐 줄이야. 항공사 지상직을 그만두고 옮긴 새로운 직장은 한국계 은행의 도쿄 지점이었고 회사가 긴자와 신바시 사이의 우치사이와이쵸 內幸町라는 곳에 있었다. 출퇴근은 물론 점심과 저녁을 긴자에서 해결하는 일이 많아졌다.

특히, 회사에서 가까운 '긴자 코리도 거리'에 자주 갔는데, JR 유락쵸역과 신바시역 사이에 있는 맛집 거리로 가격도 긴자 중심부에 비해 저렴할뿐더러 세계 각국의 레스토랑, 펍, 이자카야 등 다양한 가게가 즐비한 곳이다. 주변에 은행, 정부 기관, 대기업이 밀집해 있어서 젊은 층의 유입이 많아 '헌팅의 성지'로도 유명했는데, 소극적이고 먼저 남에게 말을 거는 것도 민폐라 생각하는 일본 사람도 연애만큼은 적극적인가 보다.

돈을 다루는 직업, 그리고 도쿄에서 가장 돈이 많이 모인다는 긴자에서 일한 것을 보면 내가 돈과 굉장히 인연이 많은 사람이라고 생각할지 모른다. 하지만 있을 땐 있고 없을 땐 없는 '돈'이라는 밀당(밀고 당기기) 천재는 오히려 나와는 슬픈 악연에 가깝다.

외국에서 산다는 것은 신나고 재미있기만 하던 여행지가 삶의 현장으로 바뀌는 경험이다. 비싼 일본 집을 어떻게든 싸게 구해보려고 '시키킨 敷金 (보증

금)', '레이킨 礼金 (집주인에게 주는 사례금)' 같은 어려운 일본 부동산 용어를 공부해가며 주말마다 발품을 팔았고, 집에 필요한 가전과 가구는 품질을 따지지 않고 값이 싼 니토리 ニトリ (저가 가구, 가전을 파는 체인점) 제품으로 가득 채웠다. 누가 시키지 않아도 꼭 필요한 것만 사게 되는 미니멀라이즈의 달인이 되어갔다.

하지만 이렇게 노력해도 저금은커녕 매달 쓸 생활비를 확보하기도 힘든 것이 현실이었다. 월세만 7만 엔(한화 70만 원)에 전기세, 수도세 등 집 유지비까지 합하면 100만 원 가까운 돈이 기본 생계 비용으로 통장을 스쳐 갔고, 매일 들어가는 식비나 계절마다 사야 하는 의류비도 만만치 않아 매일 돈만 생각하며 지냈다.

넓은 세상으로 나와 하고 싶은 것 하며 자유롭게 살고 있지만, 자유를 얻기 위해서는 그만큼의 대가를 지불해야 했다. 한 푼 한 푼 아끼는 절약 생활이 몸에 배고 직장에서는 남의 돈을 다루며 단돈 1엔에도 가슴이 철렁 내려앉는 일을 겪었다. 내 인생에서 그 어떤 때보다 돈의 무게를 느낀 시간이었다. 너무나도 절실히 그것을 가르쳐준 곳이 긴자였기에 긴자의 화려함이 때로 서글픔으로 다가왔다.

사람은 돈으로 무너지고 불행해진다. 그렇다면 돈이 많으면 행복할까? 아니, 물질이 곧 행복을 의미하지 않음을 우리는 알고 있다. 매번 마주하는 인생의 관문에서 돈보다 경험을 선택했던 내가 어리석을지라도 싫지 않다. 정말 이렇게 살아도 되는지 가끔 흔들릴 때도 많지만, 돈이 없어도 충만한 삶이 있다는 것을 증명해 보이기 위해 지금도 열심히 살아가고 있다.

사람은 자신과 전혀 다른 존재에 끌린다고 하던가. 언제나 그랬듯 나와 다른 세속적이고 화려한 긴자가 그리울 때는 주저 없이 이곳으로 달려갈 것이다. 긴자에서 나는 또 어떤 인생의 답을 찾게 될까.

긴자 핫플레이스

긴자식스
GINZA SIX

긴자 6번가에 위치한다는 상징성과 오감의 만족을 넘어 그 이상의 가치를 실현한다는 의미를 담은 최대 규모의 고퀄리티 복합시설이다. 특히 6층의 일본식 목재 인테리어로 따뜻함을 자아내는 츠타야(TSUTAYA)와 스타벅스 리저브, 13층의 옥상정원은 긴자에 간다면 꼭 가봐야 하는 곳이다.

주소 6 Chome-10-1 Ginza, Chuo City, Tokyo 운영시간 10:30~20:30 ※점포, 시설, 층에 따라 다름 휴무일 비정기 휴무 교통 긴자역 긴자선/마루노우치선/히비야선A3 출구 도보 2분

도큐플라자 긴자
東急プラザ銀座

긴자의 대표 쇼핑몰 중 하나로 크리에이티브 재팬을 콘셉트로 한 건물 외관은 일본의 전통 공예인 유리 세공 예술, 에도키리코(江戸切子)를 모티브로 지어졌다. 롯데면세점이 8~9층에 들어와 있어 여행객이 쇼핑하기에 최적화되어 있고, 화려한 인테리어가 돋보이는 라운지와 워터 스카이 등 즐길거리도 많아 쇼핑하면서 잠시 쉬어가기에도 좋은 곳이다.

주소 5-2-1 Ginza, Chuo-ku, Tokyo 104-0061 운영시간 매장 11:00~21:00 레스토랑 11:00 ~23:00 매장별 운영시간 상이 교통 히비야 선 긴자역 C2번 출구에서 도보 2분

긴자 보행자 천국
銀座歩行者天国

긴자의 메인 스트리트인 긴자 주오도리는 매주 주말과 공휴일에 차량 진입이 통제되고 차도가 사람들에게 개방되어 도로 위를 마음껏 거닐 수 있는 보행자들의 천국으로 바뀐다. 1970년 긴자에서 처음 시작되어 지금도 계속 시행되고 있다. 시간은 4월~9월에는 정오부터 오후 6시까지, 10월~3월은 정오부터 오후 5시까지다.

주소 Ginza 8-Chome Chuo-dori, Chuo-ku, Tokyo 교통 긴자역에서 도보 1분

긴자 미츠코시 백화점

현지인 추천 맛집

쿠로손
黒尊

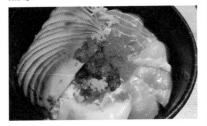

저녁에는 긴자의 고급 음식점이지만 런치에는 합리적인 가격의 카이센동을 판매한다. 여성만 주문할 수 있는 비하다동(美肌丼)이 인기다.

주소 ぜん屋ビル B1F, 7-3-15, Ginza, Chuo-ku, Tokyo 영업시간 [월~금] 점심 예약 불가 11:30~14:30 (L.O 14:00) 18:00~23:00 (L.O 22:00) [토] 18:00~22:00 (L.O 21:00) 정기 휴무일 일요일, 공휴일 교통 JR 유라쿠초역 도보 3분 / JR신바시역 도보 3분

고다이메 하나야마 우동 긴자점
五代目 花山うどん 銀座店

120년을 걸쳐 5대째 이어져 오고 있는 우동 명가. 우동 사랑이 지극한 일본 사람들이 가리는 일본 우동대회에서도 늘 1위 자리를 놓치지 않는 최고의 우동이다. 오니히모카와멘이라 불리는 넓은 면을 쓰는데 식감이 부드럽고 쫄깃하다.

주소 3 Chome-14-13 Ginza, Chuo City, Tokyo

영업시간 [평일]11:00~16:00 (L.O 15:30) / 18:00~22:00 (L.O 21:30) [토·일·공휴일]점심만 11:00~16:00 (L.O 15:30) 교통 도쿄 메트로 히가시긴자역 A3출구 도보 3분

스시노 미도리 긴자점
寿司の美登利 銀座店

긴자 코리도 거리를 걷다 보면 365일 문전성시인 곳이 있는데 백발백중 미도리 긴자점이다. 매일 도요스 시장에서 배송되는 신선한 재료와 합리적인 가격은 물론 밥이 보이지 않을 정도로 두툼하게 올려주는 네타(스시 위에 올라가는 재료)는 1시간의 긴 기다림도 아깝지 않게 한다.

주소 Tokyo Expressway Yamashita Building 1F, 7-2 Ginza, Chuo-ku, Tokyo 영업시간 11:00~22:00 연중무휴 교통 도에이 미타선 우치사이와이초역 도보 5분 / JR 신바시역 긴자 출구 도보 5분

스시노 미도리 긴자점

동경하는 그 모든 것,
롯폰기

봄에는 카페에서 미드타운 블러섬을, 여름에는 롯폰기 힐스에서 도라에
몽과 산책을, 가을에는 모리 미술관에서 영혼의 사색을, 겨울에는 블루
일루미네이션으로 환상의 밤을

어디에서나 보이는 도쿄 타워로 도쿄에 온 실감을 1분 1초 느낄 수 있는 곳, 롯폰기 六本木. 롯폰기는 우리나라로 치면 청담동이라 할 수 있는 도쿄의 손꼽히는 고급 번화가이자 일본 사람들이 가장 선망하는 곳이다.

낮에는 일본 굴지의 대기업과 외국계 기업의 사원들이 말끔한 수트에 이지적인 분위기를 풍기며 거리를 활보하고 밤에는 클럽과 파티를 즐기러 오는 한껏 멋을 낸 젊은이들로 거리가 가득하다. 하지만 롯폰기를 떠올렸을 때 이런 화려함만이 기억의 전부라면 정말 안타까운 일이다. 롯폰기는 '잘 사는 부자 동네' 이 한 단어만으로 정의 내릴 수 없으니까.

도쿄에서도 총성 없는 전쟁은 계속되었다. 매주 5일 출근을 하고 치료 약도 없는 월요병에 시달리며 퇴사를 유발하는 목소리도 듣기 싫은 사람들도 봐야 했다. 한국과 일본에서 모두 일해보니 직장 생활은 어디를 가나 비슷하다는 생각이 들 때쯤 이직을 준비했다. 나를 또 받아주는 곳이 있을까 불안한 마음이 들던 그때, 나를 선택해준 고마운 회사가 나타났다. 세계적 글로벌 IT 회사였고 근무처는 롯폰기였다. 처음에는 '오~ 롯폰기구나' 정도였는데 면접 장소를 확인하니 내가 평소에도 너무나 좋아하는 롯폰기 힐스의 모리타워였다.

면접 당일, 모리타워의 오피스 존에 들어갔다. 2000년대에 지어진 건물임에도 촌스럽지 않은 세련된 인테리어와 도쿄 타워가 바로 눈앞에 보이는 전망이 환상적이었다. 모리타워 전망대가 52층에 있으니 48층까지 있는 모리타워 오피스를 이용하는 직원들은 매일 이런 멋있는 도쿄 전망을 보며 일할 수 있는 것이다. '내가 이런 곳에 합격이 되겠어?' 하는 마음으로 욕심 없이 본 면접에서 놀랍게도 합격 통보를 받았다. 너무 좋아서 온 방을 뛰어다니며 소리를 질렀다. 일본에서는 늘 놀라운 일의 연속이었지만, 특히 이번 일은 상상도 해본 적 없는 '사건'에 가까웠다. 뼛속까지 문과인 내가 IT 회사에, 그것도 늘 동경했던 롯폰기의 회사원이 되다니! 앞으로 회사 열심히 다니자며 없던 의

욕도 불태웠다.

하지만 내 기대감과 설렘은 이번에도 역시나 오래가지 못했다. 내가 소속된 부서는 많은 업무량과 빡빡한 일정으로 사내에서도 악명이 자자한 팀이었다. 팀원들은 따뜻한 인사를 건네며 나를 환영해 주었지만, 너무 힘들면 언제든지 상담하라는 걱정 어린 조언도 잊지 않았다. 내가 잘 해낼 수 있을지 두려움으로 정신이 혼미했지만 어쩔 수 없었다. 버텨 내기 위한 사활을 건 회사 생활이 시작됐다.

이 회사에 들어와 행운이라고 생각한 적도 물론 있었다. 미국, 호주, 중국, 인도, 네팔, 루마니아 등 생전 가보지도 못한 나라의 사람들과 만났고, 사내 분위기도 굉장히 자유로워서 출퇴근 시간을 내 마음대로 정할 수 있었다. 우리 팀이 담당하는 고객 회사가 일본 최고의 통신회사였기에 일은 그동안 다닌 어떤 직장보다 확실히 배웠다. 지금도 그때 배운 비즈니스 일본어나 컴퓨터활용능력이 녹슬지 않아 잘 써먹고 있으니 감사하게 생각한다.

하지만 매일 감당할 수 없을 만큼 쏟아지는 업무량, 저녁 11시 반까지 일하다 막차를 타고 돌아가는 날들, 외계어 같은 IT 용어가 난무하는 회의에 참석하는 일은 쉽지 않았다. 내가 어쩌다 이런 고생을 하고 있는지 회의감마저 들었다. 하지만 포기할 수 없었다. 이미 다니기로 한 회사를 금방 나올 수 없다는 책임감도 컸지만, 사실 가장 큰 이유는 '롯폰기' 때문이었다. 롯폰기는 회사 알레르기가 있는 나조차 회사를 사랑하게 만들었다.

전쟁 같은 하루가 끝나고 지친 몸을 이끌고 나오면 보이는 반짝이는 도쿄타워가 나를 위해 빛나주는 것 같았고 잠시 쉬고 싶을 때 산책로가 되는 롯폰기 힐스의 넓은 광장, 듣기만 해도 기분이 좋아지는 워터 펜스 물소리, 한 끼 해결하러 들어간 라멘집에서 미슐랭 혹은 유명 할리우드 스타의 사인을 발견하는 소소한 즐거움, 작고 아름다운 모리 정원에서 점심 후 마시는 커피 한잔,

롯폰기 숨은 고수의 맛집에서 열리는 회식, 회사 앞에서 들려오는 관광객의 행복한 웃음소리.

모던함, 자연, 자유로움. 그 쉽지 않은 모든 것이 여기에 있었다. 좋은 날도 힘든 날도 롯폰기였기에 행복한 순간들이 있었다. 남에겐 사소하고 우스운 이유일지 모르지만, 나에겐 힘든 회사생활을 버티게 해준 우주보다 더 큰 이유였다.

좋아하는 마음은 신비한 힘을 지니고 있다. 어떤 고난도 극복하게 해주는 묘약이자 마음을 치유해주는 최고의 힐링제다. 롯폰기에서는, 그 무엇도 이룰 수 있을 것만 같다.

롯폰기 핫플레이스

롯폰기 힐스
六本木ヒルズ

도쿄를 대표하는 주상복합단지로 오피스, 엔터테인먼트, 쇼핑, 미술관, 유명 레스토랑, 영화관, 호텔 등이 한곳에 모여 있는 하나의 작은 도시다. 도쿄 야경 중 최고라고 손꼽히는 52층 전망대, 세계에서 가장 천국과 가깝다는 모리 현대 미술관(Mori art center)이 유명하다. 주소 6 Chome-10-1 Roppongi, Minato City, Tokyo 교통 히비야선 롯폰기역 1C 출구 직결/도에이 오에도선 롯폰기역 3번 출구 도보 4분

신국립미술관
国立新美術館

일본 최대 규모의 미술관으로 다양한 주제의 미술 작품을 관람할 수 있는 열한 개의 전시관과 미술 도서관 등의 시설을 갖추고 있다. '숲속의 미술관'을 콘셉트로 물결무늬를 형상화한 외관으로 유명하다. 주소 7-22-2, Roppongi, Minato-ku, Tokyo 운영시간 10:00~18:00 (입장은 종료 30분 전까지) / 화요일 휴무 교통 오에도 선 롯폰기역 7번 출구에서 도보 8분 / 입장료는 무료이며 기

획전에 한해 유료 관람권 필요

모리정원
毛利庭園

롯폰기 힐스 안에 있는 작은 정원. 규모는 작지만 녹음이 풍성하고 호수까지 있어서 휴식을 취하고 계절의 변화를 즐기기에 충분하다. 정원 앞에 놓여있는 공용 테이블에서 간단히 점심을 먹으며 아름다운 정원을 즐기는 호사를 꼭 누려보시길. 주소 6 Chome-10-1 Roppongi, Minato City, Tokyo 운영시간 7:00~23:00 연중무휴 교통 롯폰기역 히비야선1C 출구(롯폰기 힐스의 모리 타워와 TV아사히 본사 빌딩 사이)

롯폰기 게야키자카도리
六本木けやき坂通り

롯폰기 힐스 메인 스트리트로 일본 최고의 명품 거리다. 도쿄는 크리스마스 시즌에 다양한 일루미네이션 이벤트가 열리는데 게야키자카도리의 일루미네이션은 도쿄 타워가 바로 보여서 더욱 아름답다. 주소 6 Chome Roppongi, Minato City, Tokyo 교통 도쿄 메트로 롯폰기역 도보 3분

현지인 추천 맛집

부타구미 쇼쿠도
豚組食堂

롯폰기 직장인들의 든든한 점심을 책임지고 있는 돈카츠 집. 바로 눈앞의 오픈 키친에서 튀겨주는 양질의 돈카츠와 산 같이 쌓은 양배추는 보는 것만으로도 배가 든든해진다.

주소 6-4-1 Roppongi Hills Metro Hat B2F, Roppongi, Minato-ku, Tokyo 영업시간 11:00~16:00 (L.O 15:30) / 17:00~23:00 (L.O 22:30) 교통 히비야선 롯폰기역 1C 출구 도보 2분 / 토에이 오에도선 롯폰기역 도보 4분

골든타이거
ゴールデンタイガー

일본 사람이 라멘만큼이나 즐겨 먹는 탄탄멘. 일본에 오면 꼭 한번 먹어보길 추천한다. 롯폰기힐즈 지하에 위치한 미국식 중국 음식 전문점 골든타이거는 정통 탄탄멘은 물론 퓨전 탄탄멘까지 다양한 종류의 탄탄멘을 제공한다. 음식점만의 비밀 병기인 교자를 같이 먹을 수 있는 탄탄멘+교자 세트가 가장 인기다. 깔끔하고 고급스러운 분위기에 도쿄 타워가 보이

는 전망도 좋다.

주소 6-10-1 Roppongi Hills Hill Side 1F, Roppongi, Minato-ku, Tokyo 영업시간 11:00~23:00 (L.O 22:00), 연중무휴 교통 도쿄메트로 히비야선 롯폰기역 (출입구 1c) 도보 2분/도쿄메트로 치요다선 노기자카역(출입구 6) 도보 10분

롯폰기 야끼니쿠 킨탄
六本木焼肉 Kintan

특별한 점심을 먹고 싶은 날엔 무조건 킨탄이다. 가장 인기가 많은 런치 세트를 주문하면 미니 화로에 구워 먹을 수 있는 고기 1인분, 수프, 샐러드, 디저트가 나온다. 좋은 품질의 숙성된 고기를 합리적 가격에 먹을 수 있어 롯폰기 직장인들의 무한 사랑을 받고 있다.

주소 6-1-8 Roppongi Green Bldg. 2F, Roppongi, Minato-ku, Tokyo 영업시간 [월~금] 11:30~15:00 (L.O 14:30) 17:30~23:00 (L.O 22:00) [토·일·공휴일] 11:00~15:30 (L.O 14:30) 17:00~23:00 (L.O 22:00) 정기 휴무일 연말연시 교통 히비야선 롯폰기역 3번 출구 도보 1분 / 오에도선 롯폰기역 3번 출구

사랑의 베이 시티,
오다이바

고마워, 별거 아닌 삶을 제대로 이야기할 수 있게 해줘서

- 『그릇과 빵과 펜 내가 좋아하는 단가』 중에서

이렇게 사랑스러운 곳이 또 있을까.

오다이바 お台場는 도쿄만에 조성된 대규모 인공 섬으로 쇼핑타운과 놀이공원, 방송국과 박람회장 등 다채로운 시설이 갖춰진 신개념 엔터테인먼트 타운이다. 레인보우 브리지, 자유의 여신상, 오다이바 해변 공원 등 예쁜 볼거리가 많아 일본 연인들의 데이트 장소로도 유명하다.

도쿄 도심에서 오다이바로 가기 위해서는 어릴 적 공상 만화에서 본 것 같은 유리카모메 ゆりかもめ를 타야 한다. 유리카모메는 운전사 없이 컴퓨터 제어 시스템으로만 운행되는 모노레일로 도쿄 도심과 오다이바를 연결하는 주요 교통수단이다. 신바시의 빌딩 숲을 지나 바다 위를 힘차게 달리는 유리카모메를 타고 있으면 마치 내가 하늘과 바다를 가로지르는 듯한 느낌이 든다. 그렇게 도쿄 만의 아름다운 풍경을 감상하다 보면 도착하는 다이바 台場역. 도시와는 다른 습도, 희미한 바다 냄새, 이국적 풍경으로 '도쿄의 오다이바'가 아닌, '오다이바'만의 특별한 매력을 더욱 각인시킨다.

사랑의 베이 시티, 오다이바에 가면 항상 떠오르는 사람이 있다.

지인의 소개로 일본인 남자친구를 처음 만났다. 교토 출신으로 연구자가 되고 싶어 박사과정까지 진학했지만, 여러 사정으로 연구를 그만두고 공무원이 되었다. 마음속에 남겨둔 꿈, 자기 삶에 온전히 마음을 두지 못하는 위태로움, 남을 나쁘게 말하지 않는 착한 심성, 조용하고 단정한 모습, 모든 것이 좋았다.

그렇게 시작된 만남, 예상보다 더 많은 우여곡절을 겪어야 했다. 수없이 들었다 놓았다 하는 기대감이 일상이 되고 절대 떨어질 수 없을 만큼 완벽하다 착각하고 조금씩 어긋나는 행동에 마음 아파하고 단 한 사람을 이해하기 위해 밤을 지새웠다. 서로가 달라서 특별했던 만큼 다름을 인정하는 시간 또한 절실히 필요했다.

"쇼타로를 좋아해?"

"네."

"행복해?"

"네."

"거짓말. 사랑과 행복은 함께일 수 없어."

- 일본 드라마 <첫사랑 일기> 중에서

도쿄에서 겪은 열병 같은 사랑은 내게 많은 것을 가르쳐주었다. 세상의 모든 사람은 나와 다르다는 것, 나 자신을 사랑해야 다른 사람도 진심으로 사랑할 수 있다는 것, 진심과 진심이 전해져 스며드는 것이 사랑이라는 것.

사랑이 만약 눈에 보인다면 황혼 녘 바다에 비치는 와인 빛깔일지 모른다. 흔들리는 마음, 사람을 취하게 하는 향긋한 내음, 쌉쌀하고 달기도 한 감각, 성숙할수록 더욱 깊은 향을 내는 것.

오다이바에 있노라면 사랑이 바다의 물결과 함께 넘실거린다.

오다이바 핫플레이스

오다이바 해변공원
お台場海浜公園

기분 좋은 바닷바람을 느끼며 산책할 수 있는 오다이바의 인공 해변 공원. 자유의 여신상과 레인보우 브리지를 정면에서 볼 수 있는 최고의 사진 스폿이다. 일몰이 도쿄에서 가장 아름답기로 유명하며 저녁에는 레인보우 브리지와 도쿄 타워가 라이트 업 되어 아름다운 야경을 자랑한다.

주소 1 Chome-4 Daiba, Minato City, Tokyo
교통 유리카모메 오다이바 카이힌 코엔역 도보 5분

후지TV 본사 빌딩
フジテレビ本社ビル

티타늄으로 덮인 독특한 외관이 유명한 건물로 도쿄도청을 설계한 현대 건축가 단게 겐조의 작품이다. 일반인에게도 일부가 개방되어 있고 후지TV에서 방영했던 만화 캐릭터 소품을 살 수 있는 기념품 상점이 있어 일본 애니메이션이나 드라마에 관심 있는 사람에게 추천한다.

주소 2-4-8, Daiba, Minato-ku,Tokyo 운영 시간 10:00~20:00 휴관일 월요일 이용료 무료 교통 린카이선 Tokyo Teleport 역에서 도보 8분 / 유리카모메 다이바역 남쪽 출구 도보 4분 다이버 시티 도쿄 플라자에서 무료 도쿄 베이 셔틀 이용 약 12분

실물 유니콘 건담
実物大ユニコーンガンダム立像

애니메이션 천국 일본에서는 높이 19.7m에 달하는 실물 크기의 건담을 볼 수 있다. 낮에도 좋지만, 저녁 시간의 조명 쇼와 함께 보는 것을 추천한다. 변신 시간은 오전 11시, 13시, 15시, 17시, 저녁에는 19:30부터 21:30까지 30분마다.

주소 diver city Tokyo plaza 2F festival plaza, 1 Chome-1-10, Aomi, Koto-ku, Tokyo 위치 다이버시티 도쿄 광장의 남쪽, 다이바역, 후네노카가쿠칸역, 아오미역에서 도보 10분

아쿠아시티 오다이바
アクアシティお台場

오다이바는 쇼핑몰이 한 곳에 밀집된 지역으로도 유명한데 그중 아쿠아시티 오다이바는 가장 접근성이 좋은 곳으로 알려져 있다. 쇼핑몰 내부에는 한국인들이 선호하는 브랜드의 패션, 잡화점은 물론 5층에 '도쿄 라멘 국기관 마이(東京ラーメン国技館 舞)'라고 하는 일본 전국의 라멘 맛집 6곳을 한곳에 모아 놓은 라멘 전용 푸트코트가 있다. 오다이바의 자유의 여신상, 레인보우 브리지가 바로 보이는 탁 트인 전망으로도 유명해서 아쿠아시티 오다이바 내 어느 레스토랑에 가도 분위기 좋은 식사를 즐길 수 있다.

주소 Aqua City Odaiba, 1-7-1 Daiba, Minato-ku, Tokyo 영업시간 11:00~21:00 (레스토랑 11:00~23:00) 교통 유리카모메 다이바역 도보 1분

현지인 추천 맛집

쿠아아이나 아쿠아시티 오다이바점
KUA'AINA AQUACITY ODAIBA

오다이바에 가면 누구나 한번은 들리는 맛집. 주문하는 동시에 조리가 시작되는 슬로 푸드 햄버거를 지향하며 빵과 고기를 화산석에 구워내는 것이 특징이다. 미국 햄버거를 그대로 재현한 듯, 한 손에 쥐기 어려울 정도로 큰 사이즈와 두툼하고 육즙 넘치는 패티, 신선한 채소가 일품이다. 자유의 여신상과 오다이바의 바다가 보이는 훌륭한 전망은 덤이다.

주소 Tokyo, Minato City, Daiba, 1Chome-7-1, AQUA CITY ODAIBA, 4F 영업시간 [월~목, 일]11:00~22:00 (L.O 21:00) [금·토·공휴일 전날]11:00~23:00 (L.O 22:00) 정기 휴무일 아쿠아시티 오다이바 휴무일 교통 유리카모메선 다이바역 도보 1분 / 도쿄 린카이선 도쿄 텔레포트역 도보 5분

아일랜드 빈티지 커피 오다이바점
Island Vintage Coffee Odaiba

세계 3대 커피 중 하나인 하와이 코나커피(Kona coffee)를 100% 사용한 스페셜 커피를 맛볼 수 있다. 인기 메뉴는 그래놀라와 싱싱한 과일, 차가운 아사이베리가 듬뿍 들어있는 아사이 볼. 건강 다이어트식으로 맛도 좋아서 여성들의 무한 지지를 받고 있다. 양이 많아서 꼭 하프 사이즈로 주문해야 한다.

주소 1-6-1 Decks Tokyo Beach Seaside Mall 3F, Daiba, Minato-ku, Tokyo 영업시간 [월~금]11:00~21:00 [토·일·공휴일]10:00~21:00 정기 휴무일 무휴 (덱스 도쿄 비치 시사이드 몰에 따름) 교통 유리카모메 오다이바 해변 공원역에서 228m

천 년의 시간 여행,
아사쿠사

아무리 다시 태어나더라도 의미가 없을 만큼,

어딘가 이끌려 가는 듯이 당신을 만나고 싶어

- 요네즈 켄시, 「Pale Blue」

도쿄에서 가장 오래된 절 센소지, 도심보다 낮은 건물, 세월이 느껴지는 거리, 한쪽 길을 차지하고 달리는 인력거, 수백 년의 세월을 대대로 이어온 노포들까지. 도쿄의 옛 모습을 그대로 간직한 아사쿠사 浅草. 최근에는 세계에서 가장 높은 전파 탑 스카이트리와 신세대 복합시설 소라마치 ソラマチ, 미즈마치 ミズマチ의 등장으로 젊은 층의 발길도 끊이지 않고 있다.

신년을 맞아 친구들과 오랜만에 아사쿠사로 향했다. 새해가 되고 한 달이 넘었는데도 거리는 수많은 인파로 활기가 넘쳤다. 아사쿠사에 가면 누구나 해야 하는 필수 코스가 있는데, 바로 도쿄에서 가장 크고 오래된 절 센소지 浅草寺에 가는 것이다.

센소지에 가면 먼저 손을 씻고 연기가 피어오르는 센소지 본당 앞 향로의 연기를 쐬어 액운을 쫓아낸다. 그다음 신당으로 올라가 신당 앞에 돈을 던지고 기도를 한 뒤 '오미쿠지'로 한 해의 점괘를 뽑는다. 항상 할지 말지 고민하면서도 이상하게 오미쿠지를 안 뽑고 그냥 가는 날은 앙꼬 없는 찐빵을 먹은 것처럼 아쉬운 기분이 든다.

고민하다 뽑은 올해의 운세는 중길(中吉). 조금 실망하고 있는데 같이 간 일본인 친구가 센소지는 흉(凶)이 많이 나오는 절로 유명하단다. 길(吉)이 나온 것만으로도 굉장히 잘 뽑은 거라고. 실망했던 마음이 풀리고 기분이 좋아졌다. 역시 미신을 믿든 안 믿든 좋은 건 좋은 거다.

목표를 달성했으니 여유롭게 센소지 입구부터 호조 문까지 300m 정도 길이의 나카미세도오리 仲見世通り를 걸었다. 400여 년 전부터 센소지 참배객들이 기도를 끝내고 간단히 요기하던 곳으로 지금도 옛 모습이 그대로 보존되어 있다. 에도 느낌이 물씬 나는 도로와 상점에서 분주하게 주전부리를 사고 파는 사람들, 양손 가득 만쥬와 닌교야끼를 들고 있는 사람들의 모습을 보니 저절로 미소가 지어졌다.

아사쿠사에 있다 보면 가끔 내가 도쿄에 살고 있다는 사실을 까맣게 잊어버리게 된다. 아사쿠사에서 만난 사람들처럼 작은 것 하나에도 설레고 기뻐하는, 여행 같은 매일을 살 수 있다면 얼마나 좋을까. 여행을 사랑해서 도쿄에 살면서도 다시 여행의 설렘을 찾는 나를 보며 누구도 온전히 이루지 못할 여행 같은 일상이란 어떤 의미인지 생각해봤다.

이제 다시 21세기로 돌아갈 시간이다. 2021년 새로 완공된 미즈마치로 향했다. 미즈마치 Mizumachi는 도쿄에서 가장 트렌디한 상점과 레스토랑을 한 곳에서 즐길 수 있는 아사쿠사의 새로운 랜드마크다. 작은 강을 따라 길게 늘어선 아기자기한 일본 감성의 상점들이 귀여웠고 상점과 바로 인접한 스미다 공원 앞 광장에는 스케이트보드를 타는 아이들과 그 모습을 핸드폰에 담는 평화로운 부부의 모습이 보였다. 조금 전까지 센소지에서 오미쿠지를 뽑고 나카미세 도오리에서 만쥬를 사 먹었는데, 갑자기 이렇게 다시 평소의 일상으로 돌아오니 기분이 묘하기도 하고 오랜만의 나들이가 더욱 즐겁게 느껴졌다.

상상할 수 없을 만큼 긴 세월에도 변하지 않는 것이 있다. 천 년 아니 백 년 후의 이곳은 또 어떤 모습일까? 시대의 흐름에 휩쓸려 변해 있을까? 아니면 지금처럼 옛 모습을 소중히 간직하며 꿋꿋이 이 자리를 지키고 있을까? 천년이 지나도 변하지 않는 것이 있듯 사랑하는 사람과의 시간도 백 년, 천 년 계속 가길 바라는 마음은 너무 터무니없는 걸까?

과거와 현재를 넘나드는 특별한 여행이 가능하다는 것 또한 도쿄의 빼놓을 수 없는 매력일 것이다.

SAKUCCHA

아사쿠사 핫플레이스

센소지
浅草寺

1400년의 역사를 자랑하는 도쿄에서 가장 오래된 절이자 도쿄 제일의 관광 명소로 불리는 곳. 628년 어부 형제가 스미다강에서 물고기를 잡다가 그물에 걸린 관세음보살상을 발견했고 이를 본존으로 삼아 건립된 절이라고 전해진다. 대문 가미나리몬(雷門)은 후지산과 함께 일본을 상징하는 풍경 중 하나로 풍년과 태평연월을 주관하는 풍신(風神)과 뇌신(雷神)이 양쪽에 있고 가운데에는 높이 3.9m, 지름 3.3m, 무게 700kg에 달하는 거대한 붉은 초롱이 매달려 있다. 관광객들의 기념 촬영 장소로도 인기가 많다.
주소 2-3-1, Asakusa, Daito-ku, Tokyo 영업시간 하계 6:00~17:00 동계 6:30~17:00 교통 도쿄메트로 긴자선 아사쿠사역 1번 출구에서 도보 5분 / 아사쿠사 선 아사쿠사역 A4출구에서 도보 5분

도쿄 미즈마치
東京ミズマチ

2020년 6월 아사쿠사역과 도쿄 스카이트리 사이에 신설된 상업시설로 'Live to trip'을 콘셉트로 다양한 사람들과 문화가 오가는 거리, 거리의 매력으로 만들어가는 새로운 감각의 공간을 지향한다. 스미다 공원과 키타줏켄가와 (北十間川)와 인접해 있어서 풍부한 자연도 즐길 수 있다.
주소 1 Chome-2 Mukojima, Sumida City, Tokyo 교통 도쿄메트로 긴자선 아사쿠사역 5번 출구 도보 7분 / 도부스카이트리선 아사쿠사역 북쪽 출구 도보 3분

스미다 리버워크
SUMIDA RIVER WALK

아사쿠사의 전경과 시원한 강바람을 만끽하며 아사쿠사역에서 스카이트리로 이동할 수 있는 다리. 저녁에는 스카이트리와 스미다 리버워크의 라이트 업 색이 같아져서 아사쿠사의 저녁 야경을 한층 아름답게 만든다. 일본의 이런 세심한 디테일은 늘 감사하다.
주소 Hanakawa 1 Chome-1 Taito-ku, Tokyo 개방 시간 7:00~22:00 교통 아사쿠사역 5번, 8번 출구에서 도보 3분

현지인 추천 맛집

곤파치 아사쿠사 아즈마바시
Gonpachi 浅草吾妻橋

고급스러운 분위기에서 스카이트리, 맥주 거품을 형상화한 아사히 맥주 빌딩, 스미다 구청, 스미다강을 전부 조망할 수 있는 아사쿠사 전망 최고의 일식 다이닝 가게다.
주소 2-1-15 Kaminarimon 1, 2F Nakagawa Bldg. Taito-ku, Tokyo 영업시간 11:30~23:00 (Food L,O 22:00 Drink L,O 22:30) 런치11:30 ~15:00 연중무휴 교통 도쿄 메트로 긴자선 아사쿠사역 4번 출구 도보 30초 / 도에이 아사쿠사선 아사쿠사역 A5 출구 도보 1분

가마메시 무츠미
釜めし むつみ

가마메시(솥 밥)를 전문으로 하는 가게. 은은히 풍기는 재료의 향과 따끈하고 고슬고슬한 밥이 일품이다. 일본 옛 가정집 같은 분위기에 가격도 합리적이다. 대표메뉴로는 다섯 가지 재료(닭고기, 우엉, 당근, 버섯, 바지락)가 들어간 고모쿠(五目)와 타코(たこ, 문어)가 있다.
주소 3-32-4 Asakusa, Taito-ku, Tokyo 영업시간 11:30~21:30 / 수요일 휴무, 일부 화요일

교통 아사쿠사역 (긴자, 아사쿠사, 토부 스카이트리 노선) 6번 출구

다이코쿠야
大黒家

아사쿠사에서도 유명한 텐동(튀김 덮밥) 맛집이다. 메이지(明治) 시대인 1887년에 창업한 노포로 검은 참기름으로 튀겨 낸 에비텐동(새우튀김 덮밥)이 대표 메뉴다. 텐동 위에 올라가는 튀김은 에도마에 덴뿌라라고도 불리는데 도쿄만에서 잡아 올린 해산물만을 쓴다고 하여 이런 이름 붙여졌다. 고소한 참기름 냄새를 풍기며 그릇 밖으로 삐죽 나올 정도로 크고 탱글탱글한 새우가 밥이 보이지 않을 정도로 올라가 있어서 탄성을 자아낸다. 맛은 호불호가 갈리긴 하지만 100년 전 사람들이 먹었던 텐동의 역사를 느끼고 먹어보는 느낌으로 가보면 좋다.
주소 1-38-10 Asakusa, Taito-ku, Tokyo 영업시간 월~금, 일요일 11:10~20:30 토, 공휴일 11:10~21:00 연중무휴 교통 도쿄메트로 긴자선 아사쿠사역 1번출구, 도에이 아사쿠사선 아사쿠사역 (A4 출구)에서 도보 5분

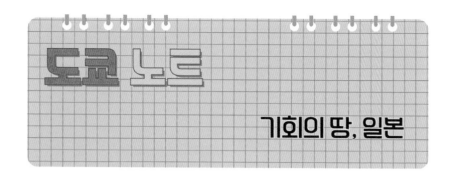

기회의 땅, 일본

한국에는 영어, 일본어를 잘하는 사람이 정말 많다. 마치 꼭 가져야 하는 MUST HAVE 아이템처럼 외국어를 열심히 배운다. 일본은 자국 내에서도 충분히 공급과 수요가 충족되는 나라이기 때문에 외국어 스펙이란 말 자체가 존재하지 않는다. 물론 요즘 일본 젊은 세대는 기본적인 영어 회화도 가능하고 K-컬처의 유행으로 한국어를 배우려는 사람들도 많지만, 이것이 영어를 잘하고 한국어를 잘한다는 의미는 아니다. 내 주변의 일본 지인들도 한국을 좋아하는 사람은 정말 많았지만, 한국어로 대화가 가능할 정도의 실력을 갖춘 사람은 손에 꼽을 정도였다. 따라서 한국어, 영어, 일본어가 가능한 한국인은 일본 기업은 물론 일본에 진출한 한국 대기업 지사나 글로벌 기업에서도 원하는 최고의 인재다.

일본은 저출산과 고령화가 진행되어 심각한 인력난을 겪고 있다. 누구나 아는 일본 대기업은 지원하는 사람도 많고 기업 측에서도 한국 관련 분야가 아닌 이상 일본인을 뽑겠지만 그 외의 중소기업에서는 재무구조가 탄탄한 곳임에도 채용할 인재가 없어 힘들어하는 사례를 많이 보았다. 일할 젊은 층의 인구가 급격히 감소했기 때문인데, 그래서 일본은 자연스럽게 외국인 인재 유치에 열을 올리고 있다. 외국인을 선발하는 일자리가 많아졌다는 것은 취업난으로 고민하는 한국 젊은이들에게 분명 좋은 기회가 될 수 있다.

한국에서 치열한 경쟁을 뚫고 취업에 성공한다면 더 바랄 것이 없을 것이다. 하지만 취업이 생각만큼 잘 안되거나 취업했어도 더 좋은 네임 벨류의 회사, 국제적인 환경과 커리어 등을 고민하고 있다면 한국이 아닌 해외로 눈을 돌려 볼 것을 추천한다. 일본은 한국과 지리적으로 가깝고 정치, 외교, 경제, 무역 등 다양한 인프라를 공유하고 있는 나라다. 이런 점에서 봐도 일본이라는 시장은 한국인에게 매우 매력적임이 틀림 없다.

주위에 해외 취업에 성공한 사람이 없거나 해외 취업이 막연히 두렵게 느껴지더라도 관련 정보는 전부 인터넷에 있다. 인터넷으로 얼마든지 많은 정보를 내 것으로 만들 수 있다. 그렇게 조금씩 준비해 나가다 보면 길이 차츰 보일 것이다.

2.
Natural Tokyo

적당한 긴장과 여유가 삶을 더욱 풍요롭게 하듯 북적북적한 도시에만 있다 보면 한숨 돌리고 싶을 때가 오는 법!

도쿄에는 섬세하게 손질된 정원, 탁 트인 푸르른 공원, 신비로운 신사, 마음을 말랑말랑하게 하는 예술 공간이 곳곳에 숨어 있다.

도쿄 사람들만 알기에는 아까운, 도쿄 감성 충만한 도심 속 오아시스를 소개한다.

자연과 예술의 만남,
네즈 미술관

나의 주말은 당신과 함께하는 그날이 나의 주말이에요.

그래서 때론 아주 많고 때론 아주 적어요.

- 에쿠니 가오리, 『당신의 주말은 몇 개입니까』

일탈의 사인이 올 때가 있다. 달콤한 주말 오후 방안을 가득 채우는 햇살을 느끼며 이불 속을 뒹굴뒹굴해 보지만, 도저히 가만있으면 안 될 것 같은 의무감 같은 것이 생기는 날, 하지만 친구들을 불러 시끌벅적하게 보내고 싶지는 않은 날. 그럴 때 답은 네즈 미술관이다. 선택한 사람만 들어오는 제한된 공간, 예술 작품이 주는 잔잔한 감동, 자연의 평화로움. 이 모든 것을 만끽할 수 있는 네즈 미술관은 단번에 내 일상을 특별하게 만드는 마법이다.

네즈 미술관은 유명한 실업가였던 네즈 가이치로가 수집한 일본과 동아시아의 고미술 작품들을 보존하고 전시하기 위해 1941년에 설립되었다. 도쿄를 대표하는 고미술품 박물관으로 도쿄의 샹젤리제 거리라 불리는 오모테산도에 있다. 도쿄 한복판, 번화가에 있는 미술관이라고 하니 협소한 규모에 건조하게 작품을 걸어 놓은 작은 갤러리가 연상되지만, 네즈 미술관은 입구부터 모든 사람의 예상을 보기 좋게 뒤엎는다.

대나무 외벽에 감도는 갈색, 바닥을 가득 채운 돌의 검은색, 은은히 반짝이는 대나무의 초록색이 어우러진 이 멋진 곳이 네즈 미술관의 입구와 전시관을 이어주는 길이다. 일본의 전통 자연미가 느껴지면서도 미술관 앞 대로변을 쌩쌩 달리는 자동차들과 대비되어 고요하면서도 신비로웠다. 길의 길이가 너무 짧다는 것이 조금 아쉬웠지만, 네즈 미술관 안에는 더 놀라운 작품들이 기다리고 있을 것 같아 서둘러 걸음을 옮겼다.

네즈 미술관 전시는 4주~6주마다 달라지고 전시 교체를 위해 휴관하는 경우가 있으니 가기 전에 인터넷으로 일정을 확인하면 좋다. 내가 갔을 때는 고대 일본 화가들의 작품전을 하고 있었는데 설명도 어렵고 미술 쪽은 워낙 문외한인지라 작품을 깊이 이해하지는 못했다. 그럼에도 좋았다. 작품을 가까이에서 보는 것만으로도 한 예술가의 영혼과 시간을 마주하는 듯한 감동을 느꼈고, 작품을 완성하기까지 작가가 쏟았을 시간, 정성, 고뇌, 그 모든 것이 고스란히 전해지는 듯했다.

이 세상의 모든 예술가를 동경한다. 대부분의 사람이 가지 않는, 그 어떤 것도 쉽게 주어지지 않는 비포장도로 같은 길을 묵묵히 걸어가는 용기는 어디서 나오는 것일까. 재능만으로는 계속 갈 수 없는 끊임없는 자신과의 투쟁이 있었을 것이다. 작은 것에도 흔들리는 나 자신을 돌아보며 자리를 이동했다.

네즈 미술관은 전시관을 제외한 건물의 벽이 전부 통유리로 되어 있어서 자연의 빛이 온 미술관 안에 가득했다. 대부분의 미술관은 작품 보호를 위해 햇빛이 들어오지 않는 인공조명으로만 설계된다고 하는데, 자연광은 분명 인공조명으로는 구현할 수 없는 은은함이 있었다. 미술관의 조명만으로도 감탄이 나온 적은 처음이었는데, 네즈 미술관을 더욱 특별하게 만드는 장치는 따로 있었다. 네즈 미술관 건물 외부에 자리한 '일본식 정원'이다. 오모테산도라는 번화가에 이렇게 광대한 녹음이 있으리라고 상상하지 못할 정도의 규모다.

차가운 바람이 코끝을 스치는 겨울에 졸졸 흐르는 냇물과 지저귀는 새 소리를 감상하며 숲길을 걸었다. 마지막에 간 때가 2월, 한창 겨울이었는데도 푸릇한 나뭇잎에서는 생명력이 느껴졌다. 사시사철 언제 가도 좋은 곳이다. 야외 정원 곳곳에는 오래된 석탑이나 작은 건축물들도 발견할 수 있었다. 사실 처음에는 왜 귀한 예술품을 관리하기 힘든 야외에 전시한 것일까 의아한 생각도 들었다. 하지만 얼마 지나지 않아 그것이 곧 내 좁은 시야에서 온 편견임을 깨달았다. 전문 정원사 3대가 대를 이어 관리해온 일본 정원은 네즈 미술관의 전시 공간이자 예술 작품 그 자체였다.

세상에서 가장 자연스럽고 계절에 따라 예측 불가능한 리모델링을 하는 곳, 네즈 미술관이 자랑하는 가장 위대한 예술 작품은 자연이 아닐까.

네즈 미술관

Nezu museum

주소 6-5-1 Minamiaoyama, Minato-ku, Tokyo 개관 시간 10:00~17:00 ※계절, 시기에 따라 다름 ※상영, 전시 스케줄에 따라 다름 ※영업 종료 시간 30분 전까지 입장 가능 휴무일 월요일/연말연시/정기휴일이 공휴일인 경우는 다음날 휴무 ※전람회 종료 후 10일부터 2주 정도는 전시 교체를 위하여 휴관 교통 긴자선,치요다선,한조몬선 오모테산도역 도보 8분 입장료 전시회나 상영에 따라 다름. 보통 1,300엔 정도

치유의 정원,
신주쿠 교엔

돌아갈 수 없는 그날에 마음을 빼앗겨

- 요네즈 켄시, 「カムパネルラ」

도쿄에 살다 보면 신주쿠 교엔에 관한 이야기를 정말 자주 듣게 된다. 봄에는 벚꽃이, 가을이면 단풍이 최고의 화제가 되는 일본 사람들에게 신주쿠 교엔은 늘 빠지지 않는 단골 이야기 소재다. 신주쿠 교엔이 이렇게 일본 사람들의 마음을 사로잡은 이유는 무엇일까. 그 이유를 알아보기 위해 11월 어느 가을날, 도쿄의 센트럴 파크 신주쿠 교엔으로 향했다.

신주쿠 교엔 新宿御苑의 역사는 약 400년 전 에도 시대 江戸時代(1603~1867년)로 거슬러 올라간다. 현재의 신주쿠 교엔을 포함한 광활한 토지를 받은 다이묘 大名(지방 영주)의 저택이었던 곳이 메이지 시대에 황실 소속의 정원이 되었다가 1949년에 일반인에게 공개되었다. 일본 정원, 프랑스식 정형 정원, 영국식 풍경 정원 등 세 종류의 정원이 한곳에 모여 있는 일본에서도 몇 안 되는 대표 근대 서양 정원이다.

신주쿠 교엔이 다른 공원과 차별화되는 또 한 가지는 '입장료'가 있다는 점이다. 일본인 친구에게 "입장료까지 내고 거길 꼭 가야 해?" 하고 물으니 "입장료가 있으니 엄청 깨끗하지."라는 일본인 다운 대답이 돌아왔다. 하긴, 맞는 말이다. 입장료가 있으니 정원의 풍경을 즐기고 싶은 사람들만 올 것이고, 돈을 지불하는 만큼 정원 관리에도 심혈을 기울이고 있을 것이 분명했다.

신주쿠 교엔은 JR 신주쿠역 남쪽 출구에서 나와서 도보 10분 정도 거리에 있다. 세월의 흔적이 느껴지는 매표소에서 표를 사고 공원에 입장했다. 어렸을 때 엄마 손을 잡고 갔던 놀이공원의 추억이 떠오르면서 알 수 없는 기대감에 마음이 부풀어 올랐다. 평소보다 조금 더 높은 텐션으로 여기저기 살피며 교엔 안을 돌아다녔다.

몇 분 정도 걸어가니 눈앞에 드넓은 잔디밭이 펼쳐졌고, 잔디밭 위에는 사람들이 옹기종기 모여 앉아 가을 피크닉을 즐기고 있었다. 몇백 년의 세월이 느껴지는 엄청난 크기의 고목들과 아름답게 물든 단풍나무가 어우러져 마치한 폭의 그림을 보는 듯했다.

처음 도착한 곳은 영국식 풍경 정원이었다. 영국식 풍경 정원은 신주쿠의 랜드마크 도코모 타워가 가장 잘 보이는 명소로 유명하다. 도코모 타워는 일본 최대 통신회사 NTT 도코모의 사옥으로 뉴욕의 엠파이어 스테이트 빌딩과 비슷한 외관에 저녁에는 형광으로 라이트 업 되는 빌딩이다. 저녁에 보면 라푼젤이 사는 성 같기도 하고 밤하늘을 장식하는 일루미네이션 같기도 해서 나도 좋아했다. 늘 멀리서만 보던 도코모 타워를 이렇게 잔디밭에 누워 여유롭게 감상할 수 있다니, 이곳에 조금 더 빨리 왔으면 좋았을 걸 하는 아쉬운 마음이 들었다.

신주쿠 뉴우먼 1층에서 사 온 샌드위치를 먹고 사진도 충분히 찍은 뒤 다시 교엔 안을 걷기 시작했다. 이번에는 멀리서 봐도 단번에 알 수 있는 일본식 정원이 눈에 들어왔다. 차분하고 고요한 분위기에 일본식 정원과 너무나 잘 어울리는 정자가 '여기서 좀 쉬어가'라고 넌지시 말을 건네는 것 같았다.

사실 이 정자는 신카이 마코토 감독의 애니메이션 <언어의 정원>에서 주인공의 현실 도피처이자 만남과 치유의 장소로 등장하는 곳이다. 애니메이션의 주인공이 된 것처럼 정자 안 벤치에 앉아 정원의 냄새와 분위기를 기억 속에 새겼다. 애니메이션 속 신주쿠 교엔에는 항상 비가 내리고 있었는데, 해가 쨍쨍한 날씨보다 과연 비 내리는 정취가 더욱 어울릴 것 같은 곳이었다.

신주쿠 교엔은 나라에서 관리하기 때문인지 오후 4시까지만 운영된다. 한창 교엔을 둘러보는데 퇴장할 준비를 해달라는 방송이 흘러나왔다. 시간을 확인해보니 어느새 오후 3시 반이었다. 입장할 때만 해도 시간이 넉넉하게만 느껴졌는데, 신주쿠 교엔을 전부 둘러보기에는 너무나 짧은 시간이었다. 조금 더 머무르고 싶은 마음이 컸지만, 다음을 기약하며 공원을 나왔다.

빌딩 숲속에 홀로 자리한 생명력, 정원이라는 공간이 주는 평화로움, 사계절의 아름다움을 마음껏 즐길 수 있는 곳. 신주쿠 교엔은 도심 속 힐링 공간이자 언제 와도 마음 편히 쉬어 갈 수 있는 '치유의 정원'이었다.

그 어느 계절, 어느 날씨에 와도 좋은 신주쿠 교엔. 앞으로도 조금씩 그 매력을 알아가고 싶다.

신주쿠 교엔
新宿御苑

주소 11 Naito-machi, Shinjuku-ku, Tokyo 개관 시간 9:00~16:00 (다른 공원들에 비해 빨리 닫기 때문에 조금 일찍 방문을 하는 것이 좋다) ※계절, 시기에 따라 다름 ※영업 종료시간 30분 전까지 입장 가능 휴무일 월요일/연말연시/정기휴일이 공휴일인 경우는 다음날 휴무 입장료 일반(성인) 500엔 / 15세 이하 어린이 무료 / 65세 이상 250엔(신분증 필요) / 학생 250엔(학생증 필요)

도쿄에서 가장 넓은 하늘,
메이지 신궁과 요요기 공원

평범한 기쁨 분명 우리라면 찾을 수 있어

- YOASOBI(요아소비), 「밤을 달리다」

일본은 천황이라는 상징적 존재가 있어서 종교를 공식적으로 인정하지 않는 나라다. 그 대신 일본 고유의 민족 신앙이 굉장히 발달하여 일본 어느 곳에 가도 신사나 절을 쉽게 발견할 수 있는데, 도쿄 도내에 있는 신사만 무려 1,460여 개에 달한다고 한다. 이렇게 많은 신사 중 도쿄에 왔을 때 딱 한 곳을 가야 한다면, 나는 단연 메이지 신궁을 추천하고 싶다.

메이지 신궁은 일본 최대 규모의 신사로 1월 초 하츠모우데(1년을 기원하는 새해 첫 기도)에만 300만 명 이상의 참배객이 모인다. 오모테산도 表参道라는 이름의 유래가 메이지 신궁으로 참배하러 가는 길 参道에서 유래되었다는 것만 봐도 메이지 신궁이 얼마나 일본 사람들에게 특별한 의미인지 가늠할 수 있다.

메이지 신궁으로 가는 길은 매우 간단한데, 하라주쿠 역이나 오모테산도역에서 내려 조금 걷다 보면 보이는 엄청난 규모의 토리이 鳥居, とりい를 찾으면 된다. 메이지 신궁으로 들어가는 입구다. 일본 최대의 목조 토리이로 높이가 12m, 폭이 17m, 기둥의 지름이 1.2m 미터나 된다. 토리이는 예로부터 신사의 기둥 문 역할을 함과 동시에 불경한 곳(일반적 세상)과 신성한 곳(신사)을 구분 짓는 경계의 상징이었다고 한다. 그래서인지 토리이 앞에서 걸음을 멈추고 기도하는 사람들의 모습도 종종 볼 수 있다.

토리이를 지나 안으로 들어가면 익숙했던 콘크리트 빌딩 숲과는 전혀 다른 울창한 숲이 펼쳐진다. 청량한 공기, 소리를 내며 밟히는 하얀 돌길, 신사 특유의 신비로운 분위기가 더해져 걸을수록 사람들의 말소리도 자연스레 작아진다. 무엇을 특별히 하지 않아도 몸과 마음이 치유되는 기분이다. 신사 본전까지 길이도 꽤 긴 편이어서 산책 겸 운동을 하기에도 손색없다.

메이지 신궁 바로 옆에는 도쿄의 오아시스라고 불리는 요요기 공원도 있는데 메이지 신궁이 20여만 평, 요요기 공원이 10여만 평이니 두 곳만 해도 총

30만 평에 달하는 녹지대가 도쿄 중심부에 형성되어 있는 것이다. 신사와 공원이라는 조금 다른 매력을 갖고 있기에 메이지 신궁을 온 김에 요요기 공원을, 요요기 공원을 온 김에 메이지 신궁을 찾는 사람들도 많아서 두 곳을 한 번에 둘러볼 수 있는 산책 코스도 인기다.

돌이켜보면 나도 도쿄에 살며 메이지 신궁과 요요기 공원에서 만든 추억이 참 많다. 봄에는 요요기 공원에서 벚꽃을 감상하고 여름에는 빽빽한 나무 틈 속을 헤치며 자전거를 타고 가을에는 메이지 신궁 외원 明治神宮外苑을 장식한 아름다운 은행나무 가로수길을 걷고 겨울에는 찬 바람 속에도 청량함을 잃지 않는 메이지 신궁의 숲길을 산책했다.

도쿄에서 가장 넓은 하늘을 볼 수 있는 곳, 메이지 신궁과 요요기 공원에서 잠시 도심 속 삼림욕을 만끽해 보는 것은 어떨까.

메이지 신궁
明治神宮

주소 1-1, Yoyogikamizonocho, Shibuya-ku, Tokyo 개방 시간 5:40~17:20 ※일출과 함께 문을 열고 일몰에 맞춰 문을 닫기 때문에 매달 운영 시간이 달라진다 교통 JR 야마노테 선 하라주쿠역에서 도보 1분 / 오다큐 오다와라선 산구바시역 도보 1분

요요기 공원
代々木公園

주소 2-1, Yoyogikamizonocho, Shibuya-ku, Tokyo 교통 JR 야마노테선 하라주쿠역 도보 3분

끝나지 않는 이야기,
이노카시라 공원

우리 이야기가 이 공원에서 시작돼

- 영화 <파크(PARKS)> 중에서

도쿄 시민들이 가장 사랑하는 공원이자 도쿄에서 가장 아름다운 공원이라고도 불리는 이노카시라 온시 공원. 도쿄의 다른 공원과는 다른 특유의 느긋한 분위기와 지브리 감성의 물감이 흘러나와 물든 것 같은 빈티지한 색감이 매력적인 곳이다.

　　이노카시라 공원을 말할 때 공원 부지의 대부분을 차지하는 이노카시라 연못 井の頭池을 빼놓을 수 없다. 봄에는 연분홍색 벚꽃이, 가을에는 붉게 물든 단풍이 호수에 비쳐 절경을 자아낸다. 이 호수 옆에는 이노카시라 벤자이텐 井の頭弁財天이라는 유명한 신사가 있는데, 이 신사에 전해 내려오는 재미있는 설화가 하나 있다. 벤자이텐의 여자 신이 사랑에 빠진 연인들을 질투하여 이노카시라 공원에서 오리배 데이트를 하는 연인들을 헤어지게 만든다는 이야기다. 웃어넘길 만한 이야기라고 생각했지만, 의외로 잘 맞아떨어지는지 일본 친구들은 절대 여기서 오리배 데이트를 하면 안 된다며 내게 신신당부했다. 공원에 이런 로맨스 적 요소라니! 재미있으면서도 혹시나 하는 마음에 공원까지 와서 호수에서 타는 오리배를 눈으로만 보고 갔을 연인들을 생각하니 웃프기도 했다. 이노카시라 공원이 그만큼 많은 사람의 사랑을 받았다는 증거이기도 할 것이다.

　　이노카시라 공원 내에도 물론 카페가 있긴 하지만, 카페를 찾아 이 넓은 공원 부지를 돌아다니다 보면 금방 지쳐버릴지 모른다. 공원 입구의 상점가에 들러 미리 샌드위치나 커피를 사서 오는 것이 모두가 따라 하는 비공식 룰이다. 이노카시라 공원을 감상하며 여유로운 시간을 보내고 싶다면 이노카시라 공원 출구 쪽의 카페 거리를 추천한다. 이노카시라 공원을 산책한 뒤 마시는 커피 한잔은 더 이상 어떤 것도 바라지 않게 한다.

　　일상적이면서도 특별한 공간, 공원이 참 좋다. 잔디밭을 앞마당처럼 뛰어다니는 아이들, 웃음이 끊이지 않는 학생들, 손을 잡고 걷는 노부부, 모두가 이곳에서 마음을 위로 받고 추억을 새기고 다시 일상으로 돌아갈 것이다.

공원은 언제나 사람과 함께하는 고마운 존재다.

이노카시라 온시 공원
井の頭恩賜公園

주소 1 Chome-18-31 Gotenyama, Musashino, Tokyo 교통 게이오 전철 이노카시라선 기치죠지역 도보 1분

도쿄 노트

일본어 어떻게 하면 잘할 수 있어?

주변 사람들에게 가장 많이 듣는 말이 "일본어 어떻게 하면 잘할 수 있어?"라는 말이다. 그때마다 내 대답은 항상 똑같다. '덕질'이다. 외국어를 배울 때덕질만큼 효과적인 방법은 없다.

내가 처음 일본어를 접한 건 중학생 때였다. 우연히 나카시마 미카 中島美香라는 일본 가수의 노래를 들었는데, 우리나라의 가수와 다른 독특한 분위기에호소력 있는 창법이 매력적으로 느껴졌다. 나카시마 미카의 데뷔 앨범부터 전곡을 찾아 들었고 CD를 사고 영상을 찾아봤다. 그러면서 자연히 노래 가사가어떤 의미인지, 일본 사람들이 어떤 이야기를 하는지 알고 싶어졌고 그렇게자연스럽게 일본어 공부를 시작했다.

일본어는 한국어와 비슷한 단어도 많고 어순이 같아서 배우면 배울수록 재미있었다. 공부할 때마다 실력이 쑥쑥 느는 것이 느껴졌다. 일본 드라마에도푹 빠져서 학교 시험 기간 때도 하라는 공부는 안 하고 몰래 일본어 공부를 했다. 그렇게 몰입해서 열심히 배우다 보니 나도 모르는 사이 일본어를 듣고 이해하는 데 무리가 없는 정도가 되었다.

대학생 때는 자매학교 교환 프로그램에 참여해서 도쿄에 문화 연수를 갔고일본인 친구들을 사귀며 일본어 실력을 쌓았다. 서투른 일본어로 말하는 것이처음에는 부끄러웠지만, 별거 아닌 것도 크게 칭찬해주는 친절한 일본 친구들덕분에 나중에는 창피한 줄도 모르고 끊임없이 일본어로 말했다.

한 가지 언어를 습득했을 때 한국에서는 3배, 외국에서는 5배 이상의 기회가 열린다고 생각한다. 기회가 많으면 내가 원하는 것을 고를 수 있는 행운까지 주어진다. 우치다 다쓰루는 그의 저서『어떤 글이 살아남는가』에서 외국어는 애초에 자기를 표현하기 위해 배우는 것이 아니라 '자기를 풍요롭게 하기 위해서 배우는 것'이라고 했다.

'나는 이것만큼은 자신 있어' 하는 분야가 한 가지라도 있으면, 그것은 언젠가 나만의 강력한 무기가 될 것이다. 일본어에 지금 당장은 자신이 없을지라도 5년, 10년 꾸준히 하면서 쌓이는 경험과 지식은 분명히 내 안에 있고 그 노력이 힘을 발휘하는 순간이 반드시 온다. 내 삶을 더욱 풍요롭게 하기 위해, 더 많은 기회를 잡기 위해 외국어 공부는 이제 필수다.

3.
Tasty
Tokyo

여행에서 가장 빼놓을 수 없는 3대 요소는 먹는 것, 보는 것, 그리고 감동이다.

도쿄는 전 세계에서 미슐랭 3스타가 가장 많은 도시다. 맛있는 음식을 먹기 위해 도쿄에 간다고 할 정도로 맛 기행에 최적화 되어있다.

늘 지나치는 회사 지하의 라멘집이, 퇴근길에 들린 돈카츠 가게가 세계적 미식가들 사이에서 인정받은 곳이라면? 이런 경험이 가능한 곳이 도쿄다.

지금까지 경험해보지 못한 최고의 미식 여행을 떠나보자.

타베로그(일본에서 가장 공신력 높은 맛집 사이트)에서 4.0 만점에 3.6점 이상의 평가를 받은 곳과 미슐랭, 미슐랭 빕 구르망으로 선정된 곳 중 접근성, 합리적 가격을 중점으로 고민을 거듭해 만든 리스트를 공개한다.

* 지역별 추천 맛집은 1. City Tokyo 챕터 후반부에 장소별로 소개
* 예약 없이 가면 웨이팅이 길 수 있으니 주의!

돈카츠 나리쿠라
とんかつ 成蔵

'타베로그 1위 돈카츠', '일본 최고의 돈카츠'라는 수식어가 아깝지 않은 곳. 시부야에서 30분 정도 거리의 미나미아사가야(南阿佐ケ谷)까지 가야 한다는 수고로움이 있지만, 맛 하나로 이 모든 것을 감수하게 한다. 저온으로 튀겨서 고기가 하얀빛을 띠는 것이 특징. 돈카츠, 반찬, 밥이 어우러지는 밸런스가 최고다.

주소 4-33-9 Narita Higashi, Suginami-ku, Tokyo 영업시간 11:00~14:00 (L.O 13:30)/17:30~20:00 (L.O 19:30) 교통 도쿄 메트로 마루노우치선 미나미아사가야역(南阿佐ケ谷駅)에서 6분 / JR 소부선·츄오선 아사가야역에서 12분

츠지한 니혼바시 본점
つじ半 日本橋本店

도쿄역 맛집 타베로그 1위에 빛나는 츠지한. 도쿄에서 먹을 수 있는 제대로 된 카이센동이라는 입소문에 현지인은 물론 관광객의 발길이 끊이지 않는다. 신선한 해산물, 합리적인 가격에 식전에 따로 주는 사시미(생선회)까지 전부 입에 넣으면 비린내 하나 없이 입안에서 사르르 녹는다.

주소 1F, 3-1-15 Nihonbashi, Chuo-ku, Tokyo 영업시간 [월~금]11:00~15:00/17:00~21:00 [토·일·공휴일]11:00~21:00 연중무휴 교통 니혼바시역 B3 출구에서 도보 2분 / 도쿄역 야에스 북쪽 출구에서 도보 5분 / 교바시역에서 도보 6분

긴자 카가리 본점
銀座 籌 本店 미슐랭

돈코츠, 쇼유 같은 평범한 라멘이 지겨운 사람이라면 꼭 가봐야 하는 카가리 라멘. 콘소메 수프 맛이 날 정도로 감칠맛 나는 진한 닭 육수 국물은 어디에서도 느껴본 적 없는 새로운 맛이다. 테이블에 준비된 후추, 산초, 식초 같은 조미료를 첨가하면 다양한 맛을 즐길 수 있다.

주소 6 Chome-4-12 Ginza, Chuo City, Tokyo 영업시간 11:00~22:30 (L.O 22:00), 연중무휴 교통 도쿄 메트로 마루노우치선, 히비야선, 긴자선 긴자역 도보 3~6분 / JR야마노테선·게이힌 도호쿠선 유락쵸역 도보 6분

아후리 에비스
AFURI 恵比寿 미슐랭

일본 라멘 덕후라면 다 안다는 유자향 가득한 아후리 라멘. 그중에서도 아후리 에비스는 도쿄의 아후리 라멘 지점 중 최고로 꼽히는 곳이다. 깔끔한 육수에 먹을 때마다 느껴지는 항기로운 유자향이 입맛을 돋우고 고명으로 들어가는 차슈도 주방에서 직접 한 장 한 장 구워준다. 유즈츠유츠케멘(柚子露つけ麺, 1,280엔)이라는 면을 소스 국물에 찍어 먹는 메뉴를 가

장 추천하는데 아후리 라멘 본연의 맛을 가장 극대화하여 느낄 수 있다.

주소 117 Building, Ebisu 1-1-7 1F, Shibuya-ku, Tokyo 영업시간 11:00~다음날 5:00 연중무휴 교통 JR에비스역 도보 3분

돈카츠 긴자 바이린
とんかつ銀座梅林

1927년에 개업한 긴자의 대표 맛집으로 최초로 돈카츠 소스를 개발하고 최초로 카츠산도를 판매한 곳이다. 기름은 건강에 좋은 면실유를 사용하고 쌀은 돈카츠와 궁합이 최고라는 야마가타현의 츠야히메(つや姫)를 사용한다. 가격은 조금 비싼 편이지만 정성이 들어간 한 끼를 먹고 나면 돈이 전혀 아깝지 않다. 부드러운 식감과 고소한 지방을 느낄 수 있는 로스카츠 정식을 추천한다.

주소 7-8-1, Ginza, Chuo-ku, Tokyo 영업시간 11:30~20:45 (L.O 20:00), 연중무휴(1월 1일 제외) 교통 도쿄 메트로 긴자역 A2출구 긴자 4초메 사거리에서 신바시 방향 도보 3분

고향야 잇심 다이칸야마
ごはんや一芯 代官山

다이칸야마에서 맛있는 밥을 먹을 수 있다는 평판으로 유명해진 곳. 부엌 앞에 나란히 놓여 있는 솥들이 인상적이다. 제철 재료로 만드는 깔끔하고 맛있는 일본 가정식 요리를 먹다 보면 어느새 밥 한 공기가 뚝딱 비워져 있다. 런치에는 정식집으로 디너에는 분위기 좋은 이자카야로 운영된다.

주소 30-3 Twin Building Daikanyama A-Wing B1(ツインビル代官山Ａ 棟Ｂ１), Sarurakucho, Shibuya-ku, Tokyo 영업시간 11:30~14:30 (L.O 14:00) / 17:00~23:00 (L.O 22:00) 교통 다이칸야마역 도보 5분, 나카메구로역 도보 8분, 에비스 도보 12분

리베르테 파티셰리 도쿄 기치죠지점
リベルテ・パティスリー・ブーランジェリー

파리의 유명 빵집 파티세리 블랑제리 리베르테의 해외 진출 1호점. 1층에서는 뉴질랜드산, 프

랑스 산 고급 버터와 밀을 사용해 만든 빵과 케이크를 팔고, 2층에서는 카페를 운영한다. 카페에서 제공하는 런치와 디너 식사 메뉴는 긴 행렬이 생길 정도로 인기가 많은데, 리베르테만의 독창적인 맛과 식감으로 호평이 자자하다.

주소 2-14-3 Kichijoji Honcho, Musashino-ku, Tokyo 영업시간 1F 파티셰리 [평일] 10:00~19:30 [토·일·공휴일] 9:00~19:30 2F 카페 [평일] 10:00~11:00(eat in) / 11:00~19:0 0(카페) [토·일·공휴일] 9:00~11:00(eat in)/ 11:00~19:00 (카페) ※카페 eat in 시간에는 1F에서 구입한 빵을 2층에서 먹을 수 있다

요네큐 본점
米久本店

가격이 비싸서 쉽게 접하기 어려운 스키야키. 맛도 가성비도 최고인 곳을 찾고 있다면 아사쿠사의 요네큐 본점을 추천한다. 1886년부터 이어져 온 전통 있는 스키야키 음식점으로 3,000엔대로 최고급 스키야키를 즐길 수 있다. 옛 메이지 시대로 돌아간 것 같은 고풍스러운 가게 분위기 또한 어디와도 비교할 수 없는 특별함이다.

주소 2 Chome-17-10 Asakusa, Taito-ku, Tokyo 영업시간 12:00~21:00 (L.O 20:00) 교통 쓰쿠바 익스프레스 / 아사쿠사역 (A) 도보 2분 (110m) 도쿄 메트로 긴자선 / 아사쿠사역 (출입구 6) 도보 8분 (640m) 도쿄메트로 긴자선 / 타와라마치역(출입구3) 도보 9분 (710m)

    처음에는 일본이 디저트 왕국이라는 사실을 믿을 수 없었다. 한국에도 맛있
는 디저트는 충분히 많았으니까. 하지만 음식 또한 사람의 정성과 마음이 깃
드는 하나의 예술 작품이다. 아무리 작은 디저트라도 일본 디저트에는 일본
스러움이 묻어있다. 먹기 아까울 정도로 화려한 팬케이크, 일본 특유의 장인
정신으로 만든 식빵, 일본 전통의 맛과 멋을 간직한 와가시까지! 눈으로 힐링,
맛으로 힐링! 일본에서만 느낄 수 있는 특별한 행복을 절대 놓치지 말자.

팡토에스프레소토 パンとエスプレッソと(BREAD, ESPRESSO &)

조금 늦어진 점심이라면? 푸딩처럼 사르르 녹는 프렌치토스트!

초록색 잔디와 상앗빛 간판이 귀여운 팡토에스프레소토. 멀리서 온 손님뿐 아니라 빵을 사러 오는 근처 주민들로 가게는 늘 북적거린다. 버터를 듬뿍 사용한 무(ム一)식빵이 가게 대표 메뉴인데, 특히 이 식빵으로 만든 프렌치토스트는 도쿄 프렌치토스트 중 최고라는 찬사를 받는다. 폭신폭신 부풀어 오른 부드러운 촉감과 너무 달지 않으면서도 크리미한 맛은 우울한 기분도 단번에 업! 시켜준다. 다만 오후 3시 이후부터 나오는 특별 메뉴라 늦은 점심이나 디저트로만 먹을 수 있다.

주소 3 Chome-4-9 Jingumae, Shibuya City, Tokyo 영업시간 8:00~21:00 (현재 영업 시간 단축 중) 단축 영업시간 8:00~18:00 정기휴무 없음 교통 도쿄 메트로 긴자선·한조몬선·치요다선 오모테산도역 A2 출구에서 도보 5분 / JR 야마노테선 하라주쿠역에서 도보 15분 / 도쿄메트로 가이엔마에(外苑前)역에서 도보 10분

카페 아쿠에일 에비스점 カフェ アクイーユ 恵比寿店 cafe accueil Ebisu
일본 여고생들의 로망, 화려한 팬케이크

일본 드라마를 보면 교복을 입은 학생들이 방과 후에 카페로 우르르 몰려가서 먹기 아까울 정도로 예쁘고 화려한 팬케이크를 잘라 먹는 장면이 심심찮게 나온다. 그 팬케이크가 너무 예쁘고 맛있어 보여서 일본에 가면 나도 꼭 먹어보겠노라고 다짐했었다. 혹시 나와 똑같은 생각을 한 사람이 있다면 카페 아쿠에일 에비스점의 팬케이크를 추천한다. 일본 전국 팬케이크 순위에서 1위를 기록한, 팬케이크 덕후들 사이에서 절대적 지지를 받는 곳으로 과일과 크림을 산처럼 쌓아올린 데코레이션이 특징이다. 어떤 메뉴든 다 맛있지만, 계절마다 선보이는 시즌 메뉴가 특히 인기다.

주소 2-10-10 Ebisunishi 1F Elegante Vita, Shibuya 150-0021 Tokyo 영업시간 11:00~21:00 일요 영업 정기휴무 연말 연시 교통 에비스역 서쪽 출구에서 도보 4분 / 다이칸야마역 동쪽 출구에서 도보 5분

이치야 도쿄 미즈마치점 いちや東京ミズマチ店
도쿄에서 가장 힙한 와가시 전문점

이치야는 요즘 도쿄에서 가장 힙한 와가시 전문점이다. 한 번 먹으면 멈출 수 없다는 다이후쿠(찹쌀떡)와 도라야키는 오후 3시 정도가 되면 완판될 정도다. 세련된 분위기로 젊은이들의 선호도가 높다는 점도 인상적이다. 가게 내부에서는 카키코오리(빙수), 와라비모찌(고사리 전분 찹쌀떡), 안미츠(우뭇가사리 묵을 넣은 미츠마메에 팥, 떡, 꿀, 아이스크림 등을 얹은 음식) 같은 일본 전통 디저트도 맛볼 수 있다.

주소 Tokyo mizumachi west zone, 1 Chome-2-7 Mukojima, Sumida-ku, Tokyo 영업시간 10:00 ~21:00 정기 휴무 화요일(영업시간 및 정기 휴무일은 변경될 수 있으므로 방문 전에 매장에 확인) 교통 도부 스카이트리 라인 도쿄스카이트리역에서 이스트존까지 도보 3분 / 도에이 아사쿠사선 혼쵸아즈마바시(本所吾妻橋)역 A3 출구에서 도보 4분 / 도에이 아사쿠사선 아사쿠사역 A5 출구에서 스미다 리버워크를 건너 도보 9분 / 도쿄 메트로 긴자선 아사쿠사역 5번 출구에서 스미다 리버워크를 건너 도보 7분

토라야 도쿄 トラヤ トウキョウ TORAYA TOKYO
조용한 와가시 카페

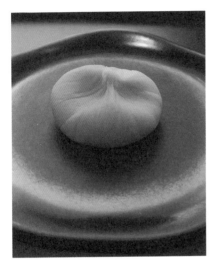

토라야는 500년 전통을 자랑하는 역사 깊은 화과자 기업으로 일본 황실에 고급 양갱과 화과자를 납품하면서 더욱 유명해졌다. 도쿄에만 20개 이상의 매장이 있는데, 그중에서 도쿄역의 토라야 매장은 꼭 한 번 가볼 만하다. 100여 년 전의 도쿄역 벽돌을 그대로 사용한 예스러운 내부가 인상적이고 도쿄역을 전망으로 조용한 분위기에서 와가시와 일본 차를 즐길 수 있다.

주소 The Tokyo Station Hotel, 2F, 1-9-1 Marunouchi, Chiyoda-ku, Tokyo 영업시간 10:00~20:00 (카페 L.O 19:30), 연중무휴 교통 도쿄역 마루노우치 남쪽 출구 도보 1분

커피를 논할 때 둘째가라면 서러운 곳 역시 도쿄다. 도쿄가 커피로 유명하다고? 의문이 들 수 있지만, 커피에 진심인 한국 사람들 사이에서는 '제대로 된 커피를 맛보려면 일본으로 가야 한다'라는 말이 있다. 우동, 스시가 아닌 커피를 마시기 위해 도쿄에 가는 사람들이 있을 정도다. 일본은 에도 시대(1603~1867) 때 처음 커피가 전파되어 메이지 시대(1868~1912) 때부터 커피와 디저트 문화가 발달하기 시작했다. 오랜 역사는 물론 일본 특유의 마니아 정신이 녹아있는 도쿄는 커피 애호가라면 질릴 틈 없는 최고의 도시다.

키요스미시라카와 清澄白河

키요스미시라카와는 도쿄 동쪽에 위치한 조용하고 한적한 동네지만 일본 젊은 여성층과 커피 애호가들 사이에서 '커피 마을(コーヒーの町)'로 불리며 새로운 인기 스폿으로 주목받고 있다. 블루보틀 1호점을 비롯해 세계적으로도 인정받은 유명 커피 체인점과 커피 맛집으로 소문난 로컬 카페들이 마을 곳곳에 있다. 키요스미시라카와에서의 원데이 커피 트립은 절대 후회 없는 선택이 될 것이다. 커피의 다양한 매력을 느낄 수 있는 곳, 키요스미시라카와의 인기 카페 Top 3를 소개한다.

블루보틀 커피 키요스미시라카와 플래그쉽 카페
Blue Bottle Coffee Kiyosumishirakawa Flagship Cafe

일본에 가면 꼭 마셔야 하는 커피 1순위가 블루보틀이었던 때가 있었다. 지금은 서울에도 지점이 많이 생겼지만, 아직도 일본에서 블루보틀 매장을 보면 그냥 지나치기 힘들다. 처음 블루보틀 커피를 접했을 때의 감동을 상기시키고 싶은 마음도 조금은 있는 것 같다. 키요스미시라카와가 커피 마을로 이름을 알리기 시작한 계기는 블루보틀이 첫 해외 지점으로 키요스미시라카와를 선택하면서이다. 이유는 블루보틀의 본사가 있는 미국 오클랜드와 키요스미시라카와의 환경이 비슷해서라나. 블루보틀만의 분위기와 정체성을 해외에서도 유지하기 위해 들이는 노력이 놀랍다. '일본 블루보틀 1호점'이기에 기념으로 찾는 사람들로 매장은 언제나 발 디딜 틈 없이 북적인다.

주소 1 Chome-4-8 Hirano, Koto City, Tokyo 영업시간 8:00~19:00 연중무휴 교통 도에이 오에도선·도쿄 메트로 한조몬선 키요스미 시라카와역에서 도보 10분

이키 에스프레소
IKI ESPRESSO

회색빛 콘크리트 외관, 뉴질랜드의 자유로운 감성이 느껴지는 개방적인 분위기가 특징인 이키 에스프레소는 뉴질랜드에 살았던 부부가 뉴질랜드의 카페 문화를 전하고 싶어서 만든 공간이다. '사람과 사람과의 만남을 자연스럽게, 더 멋지게'라는 가슴 따뜻해지는 모토답게 카페 안은 웃으며 이야기 나누는 사람들의 잔잔한 열기로 가득하다. 카페의 대표 메뉴는 뉴질랜드의 대표 커피 플랫 화이트. 에스프레소에 거품 낸 우유를 더한 음료인데 카페라테보다 더욱 결이 고운 부드러운 우유 맛을 즐길 수 있다. 적당히 시큼하면서도 신선한 반숙이 고소한 맛을 더하는 '에그 베네딕트', 부드럽게 입 안에서 녹아내리는 리코타 치즈와 달콤한 캐러멜라이징이 천상의 맛을 이루는 '리코타 치즈 케이크' 등 모든 메뉴가 고급 호텔 브런치와 비교해도 손색없을 정도로 훌륭하다.

주소 2-2-12, Tokiwa, Koto-Ku, Tokyo, Japan 영업시간 [평일] 8:00~17:00 (L.O 16:00) [토·일·공휴일] 8:00~18:00 (L.O 17:00) 교통 도쿄 메트로 한조몬선 키요스미 시라카와역 도보 6분 / 도에이 지하철 신주쿠 선 모리시타역 도보 6분 / 도에이 지하철 오에도선 모리시타역 도보 7분

올프레스 에스프레소 도쿄 로스터리 & 카페
Allpress Espresso Tokyo Roastery & Cafe

따뜻한 원두 색 목조 외관과 뉴질랜드의 카페를 연상시키는 자유로운 분위기, 2층으로 탁 트인 넓은 공간이 인상적인 올프레스 에스프레소 로스터리 카페. 1986년 아직 뉴질랜드에서 에스프레소가 드물었던 시기에 창업자 마이클 올프레스가 자그마한 커피 카트로 시작했던 뉴질랜드의 인기 로스터리다. 직원들이 직접 정기적으로 거래하는 농원과 공장을 방문해 생산 과정, 유통 과정을 확인한 후 아라비카종 스페셜 등급 중 엄선한 스페셜티 원두만을 사용한다. 원두는 카페로 가져와 직접 열풍식 로스팅기로 로스팅한다고 하니, 직원들의 정성이 곧 커피 맛을 인증하는 셈이다. 부드러운 우유의 단맛과 커피의 씁쓸한 쓴맛이 어우러진 카페라테와 뉴질랜드 대표 커피 플랫 화이트를 추천한다.

주소 3 Chome-7-2 Hirano, Koto City, Tokyo 영업시간 [월~금] 10:00~17:00 / [토·일·공휴일] 11:00~18:00 연중무휴 교통 도쿄 메트로 한조몬선 키요스미 시라카와역 도보 11분 / 도쿄메트로 도자이선 키바역 도보 12분 / 도에이 신주쿠선 키쿠가와역 도보 15분

벌브 커피 로스터즈
Verve Coffee Roasters

비쁜 일상 속 재충전이 필요할 때, 학생도 회사원도 가볍게 들릴 수 있는 미국 캘리포니아 커피 브랜드 벌브 커피 로스터즈. 로스앤젤레스에서 엄선된 과일 맛이 나는 원두를 사용하여 커피에 특유의 신맛이 느껴진다. 벌브 커피 로스터즈는 다른 카페에서 볼 수 없는 색다른 메뉴를 선보이는 것으로 유명한데 대표 메뉴로는 카페 토닉과 니트로 브루가 있다. 카페 토닉은 에스프레소에 토닉워터를 넣은 것으로 에스프레소의 씁쓸하면서도 신맛과 탄산수의 청량감을 함께 느낄 수 있다. 니트로 브루는 하얀 거품과 갈색의 커피가 마치 맥주를 연상시키는 비주얼로 질소(니트로)를 추출해 커피에 넣고 잘게 거품이 일게 한 것이다. 다양한 커피를 접하지 않은 커피 초보자에게는 조금 낯설 수도 있지만, 새로운 차원의 커피에 도전하는 것만으로도 벌브 커피를 가야 할 이유는 충분하다.

주소 5-24-55 NEWoMan SHINJUKU 2F Sendagaya, Shibuya-ku, Tokyo 영업시간 [평일] 7:00~22:00 / [토·일·공휴일] 7:00~21:30 교통 JR신주쿠역 미나미 출구 바로 앞

더 로스터리 바이 노지 커피
The Roastery by Nozy Coffee

외국에 와있는 듯한 착각을 불러일으키는 싱글 오리진 커피 전문점. 싱글 오리진 커피 문화를 일본에 처음 선보인 곳이다. 싱글 오리진이란 원두커피 산지뿐만 아니라 농원까지 고집하여 선정하는 엄선된 커피를 말하는데 블렌드 커피와 달리 섞이지 않은 하나의 원두 그 자체의 맛을 즐길 수 있다. 주문 시 원하는 커피 원두를 직접 고를 수 있다. 노지 카페의 원두로 만든 커피 소프트아이스크림도 인기다.

주소 5 Chome-17-13 Jingumae, Shibuya-ku, Tokyo 운영 시간 10:00~20:00 연중무휴 교통 도쿄 메트로 메이지 진구 마에역 7번 출구에서 도보 5분 / 도쿄 메트로 시부야역 13번 출구에서 도보 15분 / JR 하라주쿠역에서 도보 15분

일본 사람은 실제로 만나면 어떨까?

일본 사람은 변화를 별로 좋아하지 않는다. 매일 쓰던 것, 만나던 사람, 먹던 것을 선호한다. 그런 이유에서인지 대부분의 일본 회사에서는 아직도 수기로 서류를 작성하고 서류를 파일철에 보관하며 중요한 서류는 인쇄해서 도장을 찍는다. 작은 가게에서는 아직도 현금 결제만 가능하고 은행, 관공서, 병원, 입국관리국 같은 관공서는 한국보다 2배, 3배 일 처리 속도가 느리다. 한 번 갈 일이 생기면 시간을 하루 종일 확보해 놓아야 한다.

하지만 쉽게 변하지 않는 것이 좋을 때도 있다. 인간관계가 그렇다. 처음 일본인 친구를 사귈 때는 일본 여자친구들이 깍쟁이 같다는 생각을 하기도 했었다. 마음을 터놓고 친해지기까지 시간이 오래 걸렸고 이제 겨우 친해졌다고 생각해도 연락을 자주 해주지 않아서 고개를 갸우뚱하게 했다.

하지만 한 번 마음을 열고 친구가 되면 아무리 멀리 떨어져 있어도 자주 만날 수 없어도 잊지 않고 보고 싶다며 연락해주고 끝까지 챙겨주는 사람이 일본 사람들이다. 한 번 좋아한 것에는 일편단심이고 순수한 부분이 있다.

내가 일본에서 살면서 만난 일본 사람들은 한국에 매우 호의적이었다. 역사나 정치 문제로 대외적 분위기가 좋지 않음에도 일본 사람들은 한국을 매우 가까운 나라로 느끼고 있었고 한국 사람들은 스타일이 좋고 일본어와 영어를 잘한다며 칭찬을 아끼지 않았다.

특히 젊은 층 사이에서는 K-컬처가 신드롬 적인 유행이 되고 있어서 이제 일본의 10대~30대들은 너무나 자연스럽게 한국 연예인의 메이크업과 스타일을 따라 하고 한국 음식을 먹고 K-POP을 듣는다. 일본인들 사이에서 적극적으로 한국 친구를 사귀고 한국어를 배우고 싶어 하는 사람들도 계속 많아지는 추세다.

지금 우리 세대는 그 어느 때보다 일본에서 환대받는 축복받은 세대라는 생각이 든다.

4.
Tokyo
Vacance

도심을 벗어나 소박하고 낭만적인 소도시 여행을 떠나 보는 건 어떨까?

도쿄는 한 시간 정도 떨어진 근교에 온천, 산, 바다가 있어 휴양을 즐기기에 더없이 좋은 도시다.

도쿄까지 왔는데 교외로 나가는 시간이 아깝다는 생각이 들 수도 있지만, 일본 특유의 소도시 감성과 일본의 자연 빛 가득한 아름다운 풍경은 또 다른 특별한 여행을 선사할 것이다.

청춘 영화 속 주인공처럼,
가마쿠라와 에노시마

당신과 걷는 세계는 숨이 멎을 정도로 아름다워

- 우타다 히카루, 「あなた」

끝이 보이지 않는 푸른 바다, 마을을 둘러싼 초록 숲, 손끝에 닿을 것 같은 하얀 후지산. 일본 소도시만의 여유로운 정취로 일본인은 물론 외국인 관광객의 발길이 끊이지 않는 가마쿠라 鎌倉와 에노시마 江の島. 여름 낭만을 닮은 두 곳으로 여행을 떠났다.

가마쿠라는 일본인이 가장 사랑하는 관광지이자 일본의 옛 정치, 문화의 중심지였다. 그래서 일본을 대표하는 역사적 유물 뿐 아니라 곳곳에 절과 신사들이 많아 고도 古都의 품격 있는 정취를 느낄 수 있다. 특히 해안을 따라 펼쳐지는 마을 풍경이 아름답기로 유명해서 애니메이션 <슬램덩크>, 영화 <바닷마을 다이어리> 등 수많은 드라마와 영화의 무대가 되었다. 시간마저 다르게 흐르는 듯한 가마쿠라의 아름다움을 100% 만끽할 수 있는 곳이 있다. 바로 빌즈 bills 시치리가하마 점이다.

빌즈는 1993년 호주에서 시작된 세계적인 브런치 레스토랑으로, 맛있는 음식뿐 아니라 전망이 가장 좋은 위치에 가게를 여는 것으로도 정평이 나 있다. 그런 까다로운 빌즈의 첫 해외지점으로 선택받은 곳이 가마쿠라의 시치리가하마였다. 바다 이외에는 정말 아무것도 없는 해변가지만, 빌즈 시치리가하마 점 앞은 길게 줄을 선 사람들로 언제나 북적인다. 예약하지 않으면 한 시간 이상 대기는 기본이다. 다행히 예약을 해두었기에 기다리는 시간 없이 명당 테라스석에 앉을 수 있었다. 정오라 온몸에 내리쬐는 햇살이 꽤 뜨거웠지만, 피하고 싶지는 않은 기분이었다.

화창하고 맑은 하늘, 내리쬐는 쨍쨍한 햇살, 일렁이는 파도에 온몸을 맡긴 서퍼들, 언제까지고 듣고 싶은 바닷소리….

모든 것이 완벽했다. 말로 다 표현할 수 없는 아름다운 풍경을 보고 있으니 저절로 '청춘'이라는 단어가 떠올랐다. 세계 최고의 브런치라 불릴 만큼 맛있는 빌즈의 음식도 이곳에서는 주연이 아니었다. 가마쿠라를 수식하는 멋진 표현은 세상에 많겠지만, 내가 느낀 가마쿠라는 조용한 흥분이 느껴지는 '청춘의 마을'이었다.

행복한 식사를 마치고 다음 장소로 이동하기 위해 역으로 향했다. 표를 사고 플랫폼에 들어가 에노덴 江ノ電을 기다렸다. 에노덴은 가마쿠라와 에노시마 사이를 운행하는 주요 교통수단으로 한국에서는 보기 힘든 노면전차여서 신기하면서도 애틋한 감수성을 불러일으킨다. 무려 100년이 넘는 시간 동안 운행되고 있다니 일본만큼 옛 감성을 오래 간직할 수 있는 나라가 있을까 싶은 생각도 들었다.

여러 생각에 잠겨 있는데 드디어 초록색 열차 에노덴이 역에 등장했다. 에노덴을 탄 순간부터 또 다른 여행이 시작된다. 에노덴 창문 너머로 보이는 가마쿠라의 풍경을 따라 나의 눈도 같이 움직였다. 세월의 흔적이 느껴지는 전원주택, 바닷바람을 따라 나부끼는 베란다의 옷가지, 집 앞 곳곳에 놓인 서핑보드, 잠시 열차가 멈추고 출발한 다음 역에 펼쳐지는 하늘빛 바다, 그다음 역의 녹음…. 사람들의 감탄이 열차 안을 가득 채웠다. 에노덴은 사람들의 낭만을 싣고 달리고 있었다.

가마쿠라 여행의 두 번째 목적지는 호우코쿠지 報国寺였다. 교토에서 대나무 숲 치쿠린을 보고 '언제 다시 이런 곳에 와보나' 생각했는데, 치쿠린을 그대로 빼닮은 대나무숲이 도쿄 근교에도 있었다. 호우코쿠지는 1334년에 지어진 절로 천 그루가 넘는 대나무로 유명해서 다케데라 竹寺라고도 불린다. 미슐랭 그린 가이드의 '꼭 와야 할 가치가 있는 곳'으로 선정되어 최고 별점 3개를 획득하기도 했다. 하늘 높이 솟은 대나무와 한여름의 뜨거움도 무색하게 하는 시원하고 청량한 공기, 작은 오솔길, 동화 속에 나올 것 같은 카페까지. 어느 무더운 여름날도, 쨍쨍 내리쬐는 햇볕도 이곳에 있으면 두렵지 않다. 다음 여름도 그다음 여름에도 오고 싶은 곳이었다.

가마쿠라와 에노시마는 사실 너무 볼거리가 많아 하루로는 부족하다. 숨을 들이쉬기 힘들 정도의 엄청난 더위에 몸은 이미 지쳤지만, 힘을 내어 에노시마까지 가보기로 했다. 에노시마는 가나가와현 후지사와시에 소속되어 있는 섬으로 '일본을 대표하는 아름다운 100대 경승지'에 선정되었을 정도로 아름다운 풍광을 자랑하는 일본의 대표 휴양지다. 섬 안에 '헤츠노미야, 나카츠노미야, 오쿠츠노미야'라는 이름의 세 개의 작은 신사가 있어 '신사 神寺의 섬'이라고도 불린다.

에노시마에 가려면 에노시마역에 내려서 가마쿠라와 에노시마 섬을 잇는 가타세 다리 片瀬橋를 건너야 하는데, 이 다리가 만만치 않게 길다. 에노시마역에만 내리면 끝일 줄 알았는데, 체력이 좋아야 무엇이든 할 수 있다는 교훈을 다시금 새기며 다리에 힘을 주었다. 다행히 길 양옆에 펼쳐진 아름다운 바다 덕분에 가는 길이 고단하지만은 않았다.

그렇게 한참을 걸어가니 에노시마 최대 상점 거리 벤자이텐 나카미세도오리의 입구인 청동도오리가 나왔다. 에노시마 신사 입구까지 길게 늘어선 가게 이곳저곳을 돌아보며 에노시마의 명물 타코센베를 사 먹고 기념품도 구경했다. 에노시마는 이름만 시마 島일 뿐, 산이나 다름없다. 에노시마 신사는 물론 에노시마 캔들과 전망대 모두 산 중턱, 산꼭대기에 있기에 상점가 정상의 매표소에서 '에노패스'를 구입해 에스컬레이터로 이동할 것을 추천한다.

에노시마는 전체적으로 깨끗하고 정돈된 분위기에 상점이나 식당도 딱 필요한 만큼만 있었다. 자연 그대로였던 가마쿠라와 달리 사람들의 손길과 정성이 담뿍 들어간 느낌이었다. 오랜 역사를 간직한 신사와 영험한 장소들이 만드는 독특한 분위기가 섬을 감싸고 있었고, 길바닥에 누운 길고양이들은 평화로운 일상을 방해하는 사람들이 귀찮다는 듯한 눈빛을 보내고 있었다. 에노시마의 독특한 매력에 금세 매료되었다.

마지막으로 석양을 보기 위해 가타세 다리를 다시 건너 해변으로 돌아갔다. 낮에 보았던 가마쿠라와는 또 다른 풍경이 눈앞에 펼쳐졌고, 여행의 끝을 알리는 아쉬운 마음이 저녁노을과 함께 가라앉았다.

바닷가 마을에 사는 행운이란 어떤 것일까. 매일 바다를 보고 산다는 것은 어떤 기분일까. 도시에서만 산 나 같은 사람은 상상할 수 없는 감각을 이곳 사람들은 태어나고 자라며 체득하고 있다.

언젠가 기회가 된다면 시야의 반을 파란빛으로 가득 채우는 가마쿠라, 에노시마에 꼭 살아보고 싶다.

江の島丸焼き
たこせん
あさひ本店

ase Enoshima Tourist Info
片瀬江の島観光案

680m
江の島
Enoshima Island

추천 명소

호우코쿠지
報国寺

입장료 대나무 정원 관람료 200엔. 찻집 큐우코우안(休耕庵) 이용 예정이라면 매표소에서 미리 말차권(500엔) 구입 가능 주소 2 Chome-7-4 Jomyoji, Kamakura, Kanagawa 관람시간 8:00~16:00 연중무휴(12월29일~1월3일 휴무) 교통 JR 가마쿠라역에서 도보 약 30분 JR 가마쿠라역 동쪽 출구 → 케이큐버스 5번 정류장에서 24, 36, 23번 버스 승차 → 조묘지(浄明寺) 정류장에서 하차 후 도보 2분

치고가후치
稚児ヶ淵

에노시마 서쪽 끝에 위치한 절벽 지대로 지진으로 인한 지각 변동으로 바다 밑의 땅이 솟아올라 생겨난 곳이다. 넓은 바다와 함께 후지산 조망이 가능하며 특히 일몰이 아름다워서 '가나가와현 절경 50선'에도 지정되었다.
주소 2 Chome-5-202-21 Enoshima, Fujisawa, Kanagawa 교통 오다큐에노시마선 가타세에노시마역에서 도보 40분

쓰루가오카하치만구
鶴岡八幡宮

쓰루가오카하치만구는 1063년에 건립된 신사로 현재의 본전은 1828년에 재건된 것이다. 가마쿠라가 쓰루가오카하치만구를 중심으로 형성되었을 정도로 가마쿠라의 중요한 정신적 지주 역할을 한다고 전해지며 국가 중요문화재로 지정되어 있다. 무예의 신을 모시는 곳으로 임신과 출세운을 기원하는 사람들도 많이 찾는다.
주소 2 Chome-1-31 Yukinoshita, Kamakura, Kanagawa 관람 시간 5:00~20:00 교통 JR 요코스카선, 에노덴 가마쿠라역에서 도보 10분

현지인 추천 로컬 맛집

빌즈 시치리가하마 점
bills 七里ガ浜

시드니에 본점을 둔 캐주얼 다이닝 레스토랑 빌즈의 해외 1호점으로 세계 최고의 아침 식사로 불릴 정도로 심플하면서도 독창적인 요리로 정평이 나 있다. 바다를 눈앞에 둔 최고의 경치와 함께 여유로운 브런치를 즐겨보자.

주소 Weekend House Alley 2F,1-1-1 Shichiri gahama, Kamakura 영업시간 월 7:00~17:00 (L.O FOOD 16:00 / DRINK 16:30) [화-일, 공휴일] 7:00~21:00 (L.O FOOD 20:00 / DRINK 20:30) 교통 에노덴 시치리가하마역에서 바다 쪽으로 도보 2분

가마쿠라 미요시
鎌倉みよし

2015년 미슐랭 빕 구르망에 선정된 우동 장인 집. 주방 옆에서 직접 수타면을 만들어 사용한다. 우동은 두께가 적당해서 씹히는 맛이 좋고 부드럽다. 기름지지 않고 재료 본연의 맛을 살린 튀김도 일품이다.

주소 1-5-38 Yukinoshita 1F, Yukinoshita, Kamakura-shi 영업시간 [월-금] 11:15~19:00 (L.O18:30) / [토·일·공휴일] 11:15~19:30 (L.O 19:00) 교통 JR 가마쿠라역 동쪽 출구에서 도보 5분

론카페 에노시마 본점
LONCAFE 江ノ島本店堂

일본 최초의 프렌치토스트 전문점. 바다가 내려다보이는 멋진 전망과 10종류가 넘는 토스트를 고르는 재미에 절로 행복해진다.

주소 2-3-38 Enoshima Samuel Cocking Garden, Fujisawa, Kanagawa 영업시간 평일 11:00~20:00 (L.O 19:30) 휴일 10:00~20:00 (L.O 19:30) 교통 오다큐선 가타세에노시마역 도보 20분 / 에노시마 전철선 에노시마역 도보 30분 / 쇼난 모노레일 쇼난에노시마역 도보 30분

기무라
きむら

가마쿠라, 에노시마에 왔다면 명물 시라스(しらす, 정어리 치어)를 꼭 먹어야 한다. 기무라는 에노시마 인근 가타세 어항에서 잡은 시라스를 당일에 바로 제공하고 있어 그 어느 가게도 따라올 수 없는 신선도를 자랑한다. 바다의 상황에 따라 조업을 할 수 없는 날에는 먹을 수 없는 귀한 시라스동이다. 생 시라스만 넣은 나마시라스동이 낯선 사람이라면 시라스를 살짝 쪄서 밥에 올린 카마아게 시라스동을 시도해 보길 추천한다.

주소 1 Chome-6-21 Enoshima, Fujisawa, Kanagawa 영업시간 12:00~21:00 (L.O 20:30) / 일요일 영업 / 날씨가 안 좋은 날은 전화로 영업 여부 확인 교통 오다큐 에노시마선 가타세에노시마역에서 도보 15분 / 에노시마 전철선 에노시마역에서 도보 25분

매력만점 핫플레이스,
하야마

너는 미소만으로 해변을 여름으로 만들어가

– OMEGA TRIBE, 「君は1000%」

도쿄는 덥다. 아니, 덥다는 말로는 성에 안 찬다. 습하고 축축하고 밖에 나오는 순간 코안으로 가득 들어오는 습기 때문에 마치 사우나에 들어가는 것 같다. 여름에 태어나 유난히 더위에 강한 나도 도쿄의 여름에는 몸도 마음도 새까맣게 타버렸다. 이대로 당할 수만은 없다. 도시의 콘크리트 바닥과 빌딩 숲을 한시라도 빨리 빠져나와야 한다. 이럴 때 몸도 마음도 가볍게 떠날 수 있는 추천 휴양지가 있다.

하야마 葉山는 어디에나 있을 법한 평범한 어촌 마을이었지만, 1876년에 일본을 방문한 독일인 의사와 이탈리아 공사가 하야마를 마음에 들어 해 이곳에 별장을 지었고, 유럽 각국의 대사들이 연이어 하야마에 별장을 지으면서 유럽풍 휴양지로 모습을 바꾸어 갔다. 그렇게 조금씩 유명 연예인의 휴양지, 고급 별장지로 이름을 알리다가 케이큐 철도회사에서 발매한 '하야마 죠시타비 티켓 葉山女子旅きっぷ'이 나오면서 일본 젊은 층의 뜨거운 관심을 받았다.

단 돈 3,500엔으로 도쿄 도심에서 하야마까지 왕복 교통비는 물론 하야마 시내의 모든 버스를 무료로 이용할 수 있고, 제휴를 맺은 하야마 내 레스토랑 중 한 곳과 카페 한 곳에서 식사와 디저트를 제공받을 수 있다. 한 마디로 이 티켓 하나만 있으면 하야마 여행에 드는 비용이 거의 없다는 뜻이다.

가지 않으면 손해! 평화롭고 예쁜 바다마을, 하야마로 전철 여행을 떠나보자. 도쿄와 가깝고 비용도 거의 들지 않는다는 장점이 있어 언제든 훌쩍 떠날 수 있는 하야마. 하야마의 뜨거운 인기는 당분간 계속될 것 같다.

✿ 하야마로 출발!

   하야마 죠시타비 티켓은 케이큐 전철역 매표소 어디에서나 구입 할 수 있으
며 식사권, 디저트권, 교통권 총 3장의 티켓이 나온다. 교통권 티켓은 케이큐
노선에만 적용되고 식사권, 디저트권은 제휴된 하야마 내 점포에서만 사용할
수 있다. 역 앞에 하야마 내 지도는 물론 제휴 레스토랑, 카페 정보를 담은 팸
플릿이 구비 되어 있으니 꼭 같이 챙기도록 하자. 이름은 '여자' 여행 티켓이
지만 남녀노소 누구나 이용할 수 있다.

- 하야마 죠시타비 티켓 홈페이지 https://www.keikyu.co.jp/visit/otoku/otoku_hayamagirl/

✿ 하야마 교통권으로 교통비 절약! (교통권 A)

   도쿄 도심(케이큐 시나가와역)에서 출발해 한 시간 정도면 즈시·하야마역에
도착한다. 시나가와역에서 즈시·하야마역까지 드는 비용은 1,300엔이지만,
이미 교통권에 모두 포함되어 있고 하야마 시내로 이동하는 모든 버스도 무
료로 이용가능하다.

✿ 하야마 식사권으로 즐기는 무료 런치! (식사권 B)

하야마 내 제휴된 20개가 넘는 점포 중에서 자신이 좋아하는 가게를 선택해 식사할 수 있다. 바닷 마을에서 즐길 수 있는 신선한 일식부터 멋진 오션뷰를 자랑하는 레스토랑까지 다양한 장르의 식사를 내 마음대로 고르는 즐거움이 크다.

오렌지 블루
Orange Blue

가나가와 현립 근대 미술관(神奈川県立近代美術館) 1층에 있는 밝고 캐주얼한 분위기의 레스토랑. 갤러리 같은 멋진 외관과 바다가 내려다보이는 아름다운 경치로 하야마 인기 레스토랑 1순위다. 함바그(밥 또는 빵 선택) or 돈부리 1종류 & 커피 or 차 제공. 주소 2208-1 Isshiki, Hayama Town, Miura District, Kanagawa 영업시간 점심시간 11:00~15:00 정기 휴무일 월요일, 연말연시 교통 케이큐 즈시선 즈시·하야마(逗子·葉山)역 남쪽출구에서 버스로 18분 / JR 요코스카선 즈시(逗子)역에서 버스로 18분 / 케이힌 급행 버스 산가오카·가나가와현립현대미술관 앞 정류장에서 도보 1분

❀ 하야마 디저트권으로 나에게 작은 선물을! (선물권 C)

내가 선택하는 나에게 주는 선물! 제휴된 약 10종류의 가게에서 디저트 또는 기념품을 선택할 수 있다.

마로우 하야마 마리나점
マーロウ 葉山マリーナ店

비커에 든 푸딩으로 유명한 푸딩 전문점. 창밖으로 보이는 하야마 마리나의 요트와 바다가 유럽 휴양지에 온 기분이 들게 한다. 재료 본연의 맛을 그대로 살린 진한 맛과 탱글탱글한 감촉이 어디에서도 먹어 본 적 없는 최고의 푸딩이다. 카보챠(호박) 푸딩을 추천한다.

주소 1F, hayama marina, 50-2 Horiuchi, Hayama Town, Miura District, Kanagawa 영업시간 카페 10:00~18:30 (L.O 18:00) 정기휴무일 화요일(성수기, 공휴일 제외) 교통 게이힌 급행 버스(京浜急行バス) 즈시(逗) 10번 버스 승차 후 하야마 마리나(葉山マリーナ) 정류장 하차 후 도보 2분

잇시키 해안
一色海岸

잇시키 해안은 가족과 연인 등 매년 많은 해수욕객이 방문하는 인기 해변으로 CNN이 선정한 '세계 최고의 해변 100'으로 선정되기도 했다. 잇시키 해안으로 가는 골목길도 인스타 명소로 유명한데 초록빛 녹음과 파란 바다, 잿빛 담이 맞붙어 독특한 분위기를 자아낸다.

주소 Isshiki, Hayama Town, Miura District, Kanagawa 교통 JR 즈시역 → 케이큐버스 해안 순환(海岸回り) 하야마행 승차 → 잇시키 해안 정류장 하차 후 도보 2분 / 케이큐 즈시·하야마역 → 케이큐버스 해안 순환(海岸回り) 하야마행 승차 → 잇시키 해안(一色海岸) 정류장 하차 후 도보 2분

모리토다이묘진 신사(모리토 신사)
森戸大明神社

하야마의 해안에 있는 작은 신사로 일본 신사 특유의 매력을 듬뿍 담고 있다. 가마쿠라 시대 (1185년~1333년)에 지어졌으며 신사의 토리이는 나지마라고 불리는 작은 섬에 있다. 해 질 녘의 경치가 아름답기로 유명하고 날씨가 좋을 때는 후지산, 에노시마, 하코네까지 보인다. 가나가와현 50대 명소 중 한 곳이다.

주소 1025, Horinouchi, Hayama Town, Miura District, Kanagawa 개방시간 9:00~17:00 교통 JR 요코스카 선 즈시역 하차 → 게이힌 급행 버스 동쪽 출구 3번 버스 정류장 / 남쪽 출구 2번 버스 정류장에서 즈시(逗) 12번 버스 하야마 잇시키행(해안 순환) 승차 → 모리토 신사 정류장 하차 후 도보 1분

리비에라 즈시 마리나
リビエラ逗子マリーナ

1971년 개업한 즈시 마리나 리조트는 지중해 리조트를 연상케 하는 이국적 풍경으로 1980년대 일본 드라마와 CF의 주요 촬영지로 유명했던 곳이다. 소설『설국』으로 노벨문학상을 수상한 가와바타 야스나리가 마지막까지 집필 활동을 하다가 생을 마감한 곳이기도 하다.
주소 5-23-9 Kotsubo, Zushi, Kanagawa 교통 도쿄역 JR 요코스카 선 가마쿠라역 동쪽 출구 → 게이힌 급행 버스 7번 승강장 → 코츠보 경유 · 즈시역(小坪経由 · 逗子駅) 행 승차 → 코츠보 (小坪) 정류장 하차 후 도보 7분

전형적이지 않은 일탈, 뜨거운 바다
아타미

글자가 뿜어내는 뜨거움 그리고 바다. 처음 봤을 때부터 끌렸다.

도쿄에서 느꼈던 가슴 떨리던 일상도 조금씩 익숙해지기 시작했다. 도쿄가 질리거나 싫어진 것은 아니었지만, 가타카나로 쓰인 네온 간판, 편의점 오니기리 하나에도 가슴 떨려 하던 순수하고 유치했던 나는 이제 없었다.

일본을 즐길 다른 방법이 없을까 고민하던 중 기분전환을 하러 네일숍에 갔다. 처음 보는 네일리스트 언니와 어색하게 이런저런 얘기를 나누던 중 "도쿄 근처 어디 좋은 곳 없나요?"라는 질문을 했다. 어떤 감동적인 에피소드를 바란 것은 아니었다. 서로가 첫 대면이기도 하고 어색해서 어떤 이야기를 할까 고민하다가 나도 모르게 마음속 이야기가 튀어나온 것 같다. 하지만 예상과 달리 그녀는 웃으며 매년 친구들과 떠나는 여행 이야기를 들려주었다.

예로부터 해저에서 온천이 솟아나 물고기가 죽을 정도로 바다가 뜨거워서 이름에 뜨거운 열 熱 자가 붙었다는 아타미 熱海. 시간을 초월한 정취와 감성이 매력적인 온천 마을이다. 1500년이 넘는 긴 역사 동안 도쿄 사람들의 신혼여행지와 휴양지로 사랑받았고 산, 바다, 온천 등 천혜의 자연환경을 모두 갖추고 있다. 여름에는 해수욕을 즐기고 난 뒤 료칸에서 아타미 불꽃놀이를 감상하고, 겨울에는 피부 미용에 좋기로 유명한 아타미 온천을 즐긴다. 가족, 연인, 친구, 누구와 가도 좋은 곳, 아타미를 알고 지체할 이유는 없었다. 아직 채 겨울이 끝나지 않은 2월과 새로움이 시작되는 3월 사이, '뜨거운 바다'로 향했다.

도쿄에서 1시간을 달려 도착한 아타미는 아직 찬 바람이 남아있었지만, 멀리서 느껴지는 바다 내음과 한쪽 켠에 흐드러지게 핀 벚꽃으로 봄의 기운이 만발해 있었다. 가는 곳마다 뜨거운 열기가 하수구에서 뿜어져 나왔고 도로 곳곳의 고풍스러운 료칸과 세월이 느껴지는 상점들이 단번에 유서 깊은 온천 마을임을 느끼게 했다. 도쿄에서는 보기 힘든 산맥이 마을 뒤쪽으로 크게 뻗어 있어 한국의 어느 작은 섬마을에 온 것 같은 느낌도 들었다.

1박 2일의 짧은 일정이었고 워낙 체력이 없는 비실 타입인지라 첫날은 맛있는 카이센동과 아타미 푸딩을 먹고 여유롭게 마을을 둘러보다가 아타미 온천으로 간단하게 하루를 마무리했다.

둘째 날에는 아침 일찍부터 일어나 료칸 주변을 걷고 간단히 점심을 먹은 뒤 어디를 갈지 고민했다. 고심 끝에 결정한 곳은 기운가쿠 起雲閣. 기운가쿠는 '구름이 일어나는 집'이라는 시적인 이름을 가진 오래된 별장으로 아타미시의 유형 문화재이자 아타미의 3대 별장으로 불린다. 일본의 역사를 장식한 유명한 문인 다자이 오사무, 다니자키 준이치로 등이 머물며 작품을 쓴 곳으로도 유명하다. 무엇보다 이름이 특이한 사람은 꼭 특별한 삶을 살아왔을 것 같다는 이상한 선입견을 품은 나 같은 사람은 아타미도 기운가쿠도 그냥 지나치기 어렵다.

기운가쿠는 아타미역에서 도보로 이동이 가능한 곳에 있었다. 하지만 가는 길 내내 평범한 주택가만 나와서 맞게 잘 가고 있는 것인지 몇 번이나 구글 지도를 확인해야 했다. 고개를 갸웃거리며 헤매고 있는데, 갑자기 큰 대문 하나가 눈에 들어왔다. 기운가쿠였다. 평범한 주택가 한복판에 관광지가 있다는 점도 놀라웠지만, 예전에는 료칸으로 쓰였다는 것이 믿기지 않을 정도로 엄청난 규모였다.

표를 끊고 안으로 들어가서 본 내부는 더 경이로웠다. 정성스럽게 다듬어진 일본식 정원, 일본 전통 양식과 유럽 양식이 혼재된 가구, 형형색색의 타일, 옛 시대의 흔적이 그대로 새겨진 유리, 이국적인 코발트블루 색의 벽지. 이제껏 본 적이 없는 새로운 공간이었다. 마치 동서양의 기나긴 시간이 얽히고설켜 그 시간의 매듭을 풀면 몇백 년의 시간이 눈앞에서 풀어헤쳐질 것만 같았다.

세월을 느끼게 하는 손때 묻은 앤틱한 소파에 앉아 아름다운 정원을 보고 있으니 시간이라는 개념은 점점 의미를 상실해갔다. 속세와 단절되고 시간이 멈춰버린 듯한 독특한 느낌을 자아내는 기운가쿠가 왜 문인들에게 사랑받았는지, 왜 이곳에서 그토록 수많은 대작이 탄생했는지 그 이유를 조금은 알 것 같았다. 기운가쿠의 분위기에 취해 일본식 정원에서도 한참 동안 시간을 보내고 나서야 기운가쿠를 나올 수 있었다.

아타미에서의 1박 2일은 너무나 짧았지만, 그날의 감동과 여운은 아직도 가슴에 뜨겁게 남아있다. 내 인생 최고의 온천 마을 아타미를 다시 볼 그날을 꿈처럼 기다린다.

아타미 핫플레이스

기운가쿠
起雲閣

1919년에 사업가 네즈 가이치로의 별장으로 지어졌다가 후에 일본 관광 주식회사가 료칸으로 운영하였고 지금은 아타미시 소유의 관광 시설로 운영되고 있다. 다자이 오사무, 다니자키 준이치로, 타케다 야스시 등 일본을 대표하는 문호들에게 사랑받은 별장으로 유명한 아타미 3대 별장이다. 녹음이 우거진 정원, 일본 가옥의 아름다움을 간직한 본관과 별채, 일본, 중국, 유럽 등의 장식과 양식을 융합한 독특한 분위기를 지닌 양옥이 우아하면서도 독특한 기품을 자아낸다.

주소 4-2 Showa-cho, Atami City, Shizuoka, 입관료 성인 - 610엔, 중고생 - 360엔, 초등학생 이하 무료 휴관일 수요일(12월 26~30일) 교통 JR아타미역에서 아이노하라(相の原) 방면행 또는 기운가쿠 순환버스(起雲閣循環バス)로 약 10분, 기운가쿠 앞 하차 / 아타미역에서 도보 20분

아이죠미사키전망대
あいじょう岬展望台

일본에서 가장 짧은 케이블카 아타미 로프웨이를 타고 올라가는 전망대. 해발 약 120m의 높이에서 아타미 시내와 바다가 한눈에 내려다보이는 절경을 감상할 수 있다. 일본어로 애정이 아이죠(あいじょう, 愛情)여서 연인들을 위한 이벤트 공간이 많다.

주소 8-15 Wadahamaminamicho, Atami, Shizuoka 입장료 왕복 성인 - 700엔 / 어린이(4세~12세) - 400엔 영업시간 9:30~17:30 연중무휴(기상상황에 따름) 교통 택시 - 아타미역 택시 승강장에서 약 10분 / 버스 - 아타미역에서 버스터미널 7번 아타미항·코라쿠엔(熱海港·後楽園)행을 타고 10분 후 종점 고라쿠엔(後楽園)에서 하차 유유버스 아타미역에서 약 8분 정도 소요. 마린 스파 아타미에서 하차 후 도보 4분

아타미 푸딩카페2nd
熱海プリンカフェ2nd

'모두 함께 즐기는 목욕'이라는 테마로 만들어진 SNS 인기 폭발 푸딩 가게. 목욕탕 타일을 붙인 인테리어와 욕조, 목욕통, 아기자기한 목욕 굿즈들은 보기만 해도 들어가고 싶은 욕구를 불러일으킨다. 히마 캐릭터 인형도 눈에 띄는데 아타미의 온천수가 염분이 많은 편이어서 소금을 좋아하는 하마를 캐릭터로 선정했다고 한다. 아타미의 명물 아타미 푸딩은 몇 개를 먹어도 질리지 않을 정도로 맛있다.

주소 10-22 Ginzacho, Atami, Ginzacho, Shizuoka 영업시간 10:00~18:00 정기 휴무일 없음 ※정기휴일이 있는 경우는 홈페이지에 게재 교통 JR 도카이 신칸센 아타미역에서 도보 12분 / JR 히가시니혼 이토선 아타미역에서 도보 12분

현지인 추천 맛집

아마카라혼포
雨風本舗

아타미 지역 랭킹 1위에 빛나는 일본 라멘집으로 일본 현지인들에게 특히 인기가 많은 집. 투박하지만 범상치 않은 주인장의 맛깔스러운 솜씨는 아타미와 묘하게 닮아있다.

주소 5-14 Tawarahoncho, Atami, Shizuoka 413-0011 영업시간 11:00~19:00 교통 아타미역에서 도보 3분 정기 휴무일 수요일

이치방
壹番

일본의 국민 가수 AKB48 프로듀서가 이곳의 교자를 먹으러 일부러 아타미에 온다는 일화가 방송을 타며 유명해진 중화요리점. 교자 말고도 양카케고항(녹말을 걸쭉하게 풀어놓은 소스를 끼얹은 밥), 탕수육 등 모든 음식에서 고수의 실력이 느껴진다.

주소 7-48 Sakimicho Sakimi Heights 1F, Atami, Shizuoka 영업시간 11:30~14:00 (런치세트는 평일 11:30~13:30) 17:00~20:00 정기 휴무일 목요일 교통 JR아타미역에서 도보 7분

아타미 긴자오사카나쇼쿠도
熱海銀座おさかな食堂

마구로를 산같이 쌓은 카이센텟펜동(海鮮てっぺん丼)이 인스타에서 유명해지며 아타미 최고 유명 식당이 되었다. 하루에 쓰는 재료가 한정되어 있어서 카이센텟펜동은 점심시간 때면 이미 판매가 종료된다. 저녁에는 식사 메뉴는 물론 신선한 해산물을 안주로 먹을 수 있는 최고의 이자카야로 바뀐다.

주소 8-8 Ginzacho, Atami,Shizuoka 영업시간 11:00~15:00 (L.O 14:00) 17:00~22:00 (식사 L.O 21:00 / 음료 L.O 21:30) 정기 휴무일 매월 셋째주 목요일 (임시 휴무일은 홈페이지에서 확인) 교통 JR 도카이 신칸센 아타미역에서 도보 12분 / JR 히가시니혼 이토선 아타미역에서 도보 12분

5.
새로운
도전

당신이 어른이 되어가는 그 계절이 슬픈 음악으로 넘치지 않기를

- JuJu, 「카나데(奏)」

학생티를 채 벗지 못한 27살, 부푼 기대를 안고 입사한 첫 회사에서 혹독한 사회 신고식을 치렀다. 그 뒤 다른 회사, 일본으로 이어진 또 다른 회사까지, 길다면 길고 짧다면 짧은 직장 생활은 내게 많은 교훈을 주었다. 세상은 절대 만만하지 않다는 것, 그리고 나는 생각보다 강하지 않다는 것.

무엇이든 거침없이 도전해야 할 20대에 안정적인 회사원을 지망했다. 주어진 일을 하고 돈을 받는 것이 인생에서 가장 무난한 길이라고 배웠기 때문이다. 하지만 실제로 다녀본 회사 생활은 하루하루가 아슬아슬하고 위태로웠다. 조금 더 나은 삶을 위해 일본으로 건너가 취업도 하고 만족스러운 회사로 이직도 해봤지만, 회사라는 틀 안에서 내가 할 수 있는 일은 너무나 제한적이었다. 무엇을 위해 그토록 열심히 공부하고 내 청춘을 투자한 것인지, 정말 이 답답한 현실 끝에 낙원까지는 바라지 않아도 '보람'은 있는 것인지 의문이 들었다. 물론 돈은 중요하다. 부모님도 친구들도 모두 돈을 벌기 위해 일을 한다. 열심히 회사에 다니는 그들을 보며 나도 똑같이 살자고 마음을 다잡았지만, 맞는 방향으로 가고 있다는 확신은 들지 않았다.

회사는 단순히 돈을 벌기 위한 곳이 아니었다. 매주 5일, 그리고 매일 8시간, 아니 그 이상의 시간을 보내는 내 인생의 가장 큰 메인 파트였다. 하기 싫은 일을 참아가며 딱 시키는 일만 하다가 하루가 빨리 지나가기를 기다리는 일이 어찌나 무의미하고 고통스러운지 뼈에 사무치게 느꼈다.

난 말이야, 일이란 이층집과 같다고 생각해. 1층은 먹고살기 위해 필요하지. 생활을 위해 일하고 돈을 벌어. 하지만 1층만으로는 비좁아. 그래서 일에는 꿈이 있어야 해. 그게 2층이야. 꿈만 좇아서는 먹고살 수 없고, 먹고살아도 꿈이 없으면 인생이 갑갑해.

– 이케이도 준, 『변두리 로켓』

내 꿈은 어디에 있는 것일까? 지금 이대로 1층만 열심히 짓다가는 10년 뒤에 완성된 내 집은 이층은커녕 지붕조차 존재하지 않는 볼품없는 모습이 되어있을 것 같았다. 현실을 바꾸고 싶다는 변화의 절실함이 나를 억눌렀다.

만 30살, 도쿄에서 또 한 번의 새로운 여행이 시작을 알리고 있었다.

퇴사에 도전

회사라는 곳은 들어가기도 어렵지만 나오는 것 또한 왜 그리 힘든지. 새로운 도전을 위해 퇴사가 답이라는 걸 알면서도 선뜻 결정을 내리기 힘들었다. 새로운 일을 하는 것이 두렵지는 않았지만 역시 가장 큰 문제는 경제적 부분이었다. 돈을 지금보다 더 모아두어야 할 것만 같고, 회사를 나와서 언제쯤 온전히 내 힘으로 돈을 벌 수 있을지 예상도 할 수 없었다.

그렇게 고민과 걱정으로 하루하루를 보내던 중, 도쿄에서 럭비 월드컵 대회가 열렸다. 대부분의 아시아 국가에서 그렇듯 일본에서도 럭비는 잘 알려지지 않은 비인기 운동 종목이다. 하지만 럭비 국가대표가 되기 위해 일본 국적을 취득한 전 세계의 재능 있는 선수들이 하나로 뭉쳐 'One Team'을 만들어냈고 일본 럭비 역사상 최고 성적인 8강에 오르는 기적을 만들었다.

도쿄가 럭비 열기로 가득했다. 회사 사람들도 퇴근 후 집에 가지 않고 삼삼오오 모여 회사의 대형 스크린으로 럭비 경기를 보며 축제를 즐겼다. 나도 마침 호주 출신 매니저의 초대로 회사에서 럭비 경기를 관람하며 오랜만에 바쁜 일상에서 벗어나 여유를 즐기고 있었다. 한참 경기를 보고 있는데, 매니저가 말을 꺼냈다.

"오 상, 지금 이 일 어때? 왜 하게 된 거야?"

"일본어도 영어도 조금 할 줄 아니까. 무엇보다 지금은 도쿄에 살고 싶어."

"이 일 재미있어?"

"아니, 그냥 돈이 필요해서 하는 거지."

"아직 젊은데⋯. 자신이 좋아하는 일이 뭔지는 알아?"

"글쎄, 솔직히 지금 하는 IT 일은 너무 어렵고 잘 모르겠어."

"자신이 좋아하는 일을 해야 행복할 수 있어. 나도 지금 하는 일이 정말 힘들지만, 좋아해. 그러니까 계속하는 거고. 오 상도 무엇을 해야 할지 잘 생각해봐."

"만약 내가 다른 일이 좋아서 여기 그만두면 어떡하려고? 너 또 사람 뽑아야 하잖아."

"너만 생각해. 하고 싶은 일이 있으면 해야 해. 네가 여기를 나간다고 해도 난 널 붙잡을 권리가 없어. 그건 전혀 상관없는 문제야. 걱정하지 마."

아무 말도 할 수 없었다. 전에 다니던 직장에서 일을 그만두고 싶다는 고민을 조금이라도 꺼내면

"너 여기 나가면 어딜 가려 그래. 여기보다 더 좋은 데 갈 수 있을 것 같아?"

"나이도 30살이 다 돼가는데, 버텨야지."

라며 막말을 서슴지 않았다. 아니, 그들의 문제가 아니다. 내 안의 어딘가에도 그냥 현재에 안주하고 싶은 마음이 분명히 있었다. 대기업 타이틀도, 남들이 선망하는 분야의 직업도 다 경험해 봤지만, 그것이 결국 내 행복의 조건은 아니었다. 남에게 자랑하고 싶고, 내가 남들보다 뛰어나다는 근거를 만들고 싶은 거짓 명함에 불과했다. 나 자신이 가장 좋아하고 잘 할 수 있는 일을 찾고 그 길을 가는 것이 올바른 인생의 방향이라는 것을 이제는 나 자신이 느끼고 있었다.

두렵지만 조금 더 용기를 내보기로 했다. 잔잔한 장면만 계속되는 영화는 재미없는 것처럼 평화로운 물결 속에서 더 큰 파도를 간절히 원하는 서퍼의 마음처럼 우선 앞으로 나아가 보기로 했다.

사람을 대할 때도 일할 때와 똑같다. 좋아하는 감정, 싫어하는 감정은 속일 수 없다. 감추려 해도 결국 나도 모르게 새어 나온다. '좋아한다'라는 감정 앞에서 느낀 그 섬세한 순간, 떨림 가득한 감정을 누구나 한 번씩은 느껴 봤을 것이다. 하지만 의외로 자신이 무엇을 잘하고 무엇을 할 때 행복한지 아는 사람은 많지 않다. 자신에게 백 프로 솔직할 수 있는 사람은 드물기 때문이다.

세상이 바뀌어 회사에 소속되지 않아도 돈을 벌 수 있는 시대가 되었다. 앞으로 점점 그런 사람들이 많아질 것이다. 하지만 직장인의 삶을 벗어나 홀로 서기 위해서는 회사에 있을 때보다 더 열심히 공부하고 준비해야 한다.

글을 쓰고 있는 지금도 두려운 마음이 드는 것이 사실이지만 어른들이 흔히 말하는 좋은 때란 무엇이든 도전할 수 있는 나이가 아닐까. 벽에 부딪힐지라도 내 인생까지도 걸 수 있는 용기를 우리는 가지고 있고 이것은 언제까지나 가질 수 있는 특권은 아니다. 더 이상 나이가 많다거나 실패한 적이 있다거나 하는 수많은 핑계들을 만들며 도망치지 않기로 했다. 허무맹랑하다고 생각했던 일들이 실제로 이루어지는 것이 인생이니까.

기적을 믿는다. 돈키호테처럼, 이카로스처럼 바보 같다는 말을 들을지언정 도전하는 자세와 용기 그 자체로 의미가 있다. 지금은 무엇이 정답인지 알 수 없다. 하지만 묵묵히 앞으로 걸어가다 보면 만나는 멋진 순간, 행복한 시간이 나만이 할 수 있는 여행 그리고 인생이 되어 있을 것이다.

언어로 두 나라를 잇는 직업

앞으로 어떤 일을 해야 할지 고민했다. 약간은 오글거리지만 진지하게 그리고 객관적으로 내가 잘하는 것과 좋아하는 것을 찾기 위해 그동안의 인생을 돌아봤다.

책과 외국어 배우는 것을 좋아하고 사람을 좋아하면서도 사람에게 예민하게 반응하는 기질, 혼자 있는 시간을 좋아하고 반복되는 일에 금방 흥미를 잃어버리는 성격, 한곳에 오래 얽매이지 못하는 자유로움. 복잡하고 도무지 종잡을 수 없는 나 자신을 이리저리 생각하고 끄집어내 보니 종합적으로 프리랜서가 나와 가장 어울릴 것 같다는 답이 나왔다. 그리고 프리랜서로 살기 위해서는 '기술'이 필요했다. 내가 가진 기술이 없는 것 같은데… 어쩌지?

있었다! 중학생 때부터 단 하루도 놓지 않고 계속해 온 그것, 일본어였다.

일본어로 할 수 있는 일에는 무엇이 있을까. 번역이 가장 먼저 떠올랐다. 전부터 번역 일을 생각해보지 않은 것은 아니었다. 하지만 번역은 일본어에 매우 특별한 재능을 가진 사람만 하는 일이라 단정 짓고 내 길이 아니라며 외면해왔다. 번역은 지식 노동으로 불릴 정도로 정신적으로 고된 작업이고 매우 높은 수준의 한국어와 일본어 실력을 요구한다. 그리고 무엇보다 절대 희망적이지 않은 번역업계의 전망, 번역가가 되겠다는 건 시인이 된다는 것과 마찬가지라는 현역 번역가의 말에 한숨이 절로 나왔다.

하지만 결국 내 마음은 해보자! 쪽으로 다시 돌아왔다. 일본에서 일도 하고 살기까지 했는데 뭐든 못 하겠냐는 자신감이 내 안에 있었다. 그동안 물가도 비싼 나라에서 비싼 세금을 내가며 허송세월하는 것은 아닌지 가끔은 불안해하던 마음이 눈 녹듯 사라졌다. 일본에서의 내 경험과 시간은 단 한 순간도 헛되지 않았다. 나만이 가질 수 있는 무기, 자신감이 되어 돌아왔다.

이제 일본어로 밥 벌어 먹고살기에 도전한다. '번역이 너무 좋아'가 아닌 '번역이 아니면 안 돼'의 마음으로 임할 수밖에 없음을 알고 있다.

번역 아카데미로 출근

무엇을 할 것인지까지 정하니 모든 일이 일사천리로 진행되었다. 회사에 사

표를 내고 그동안 쌓아왔던 일본의 모든 살림살이를 처분하고 한국으로 돌아왔다. 한국에 이렇게 서둘러 온 이유는 번역을 전문적으로 배우기 위해 번역 아카데미에서 공부해보고 싶었고, 프리랜서로 독립하기 전까지 한국의 부모님 집에 있는 것이 경제적으로 도움이 되기 때문이었다.

일본의 사랑하는 지인들, 회사 동료들과 울고 웃었던 소중한 추억을 뒤로하고 오는 것은 마음이 아팠지만, 코로나로 오랜 시간 오지 못한 그리운 한국 집, 사랑하는 가족들을 만난 것만으로도 행복했다. 집에서 2주간 자가격리를 하는 동안 번역 아카데미에 들어가기 위한 입학 테스트를 준비했다. 한 문장을 수십 번 보고 또 보며 하루 대부분의 시간을 투자하여 열심히 완성한 과제를 학원에 보냈고 다행히 합격 문자를 받았다. 그리고 그렇게 반년이 넘는 시간이 흘러 번역 과정을 무사히 마치게 되었다.

세상 속에 홀로서기를 위한 과정은 하루에 수천 번 수만 번 흔들리는 인고의 시간이었다. 끊임없이 마주하는 막연함과 좌절감에 나는 언제나 취약했고 회사처럼 정해진 체계도 길을 제시해 주는 사람도 없었다. 가족의 따뜻한 응원과 사회생활을 하며 모은 돈이 없었다면 정말 버티기 힘들었을 것이다. 그럼에도 이 일을 포기하고 싶지 않은 이유는 그동안 열심히 익힌 일본어를 한국어로 표현하는 것이 좋고 글쓰기를 사랑하고 내 하루를 누구의 눈치도 보지 않고 효율적으로 관리할 수 있으며 지금의 이 모든 경험과 시간이 곧 나만이 쌓을 수 있는 커리어가 된다는 보람 때문이다.

아직 갈 길이 멀고 앞으로 어떤 어려움이 나를 기다리고 있을지 알 수 없다. 하지만 지금은 20대처럼 불안함과 조바심으로 점철된 시간을 보내고 있지 않다. 어떤 어려움도 뒤돌아보면 나에게 고마운 자양분이 되고 하루하루 열심히 살다 보면 좋은 결과는 물론 행운까지 주어진다는 인생의 진리도 안다. 무엇보다 나에게 넓은 세상을 보여준, 더 큰 꿈을 갖게 해준 도쿄에서의 시간이 있기에 앞으로의 나의 미래가 기대된다.

일본에서 살아보기

한국과 일본의 회사 생활은 무엇이 다를까?

면접부터 모든 일을 일본어로!

일본 취업을 한 번 해보겠다고 결정한 당신! 가장 먼저 해야 할 일은 내 모든 일상이 한국어에서 일본어로 바뀌는 상상을 해보는 것이다. 우선 취업 준비, 면접이 전부 일본어로 진행된다. 나는 워낙 잘 떠는 성격이라 한국에서 면접을 볼 때도 덜덜 떠는 사시나무가 되고는 했는데, 처음 일본어로 보는 면접은 너무 심하게 긴장해서 어떻게 면접을 보았는지 잘 기억이 나지 않을 정도다. '일본어로 내 생각을 잘 말할 수 있을까?', '일본어가 너무 엉망이면 어떡하지?', '최대한 쉬운 단어로 짧게 말하자!' 같은 생각으로 머릿속이 가득 차있었다.

한국이나 일본이나 면접에 통과하는 비법은 사실 비슷하다. 긍정적이고 밝은 모습, 적극적인 자세와 자신감, 겸손한 태도! 그렇게 면접을 어찌어찌해서 무사히 통과했다. 그런데 회사를 가보니 상사도 선임도 동료도 모두 일본인이다. 몰랐던 것은 아니지만 막상 이런 상황에 놓이면 참으로 난감하다. 내가 잘 해낼 수 있을까? 걱정부터 앞선다.

하지만 인간은 적응의 동물이라는 말이 정말 맞다. 처음에는 서툴고 아무것도 모르겠던 일도 6개월 정도 지나면 어느 정도 익숙해져서 여유가 생긴다.

물론 실제로 외국어로 듣고 말하고 일을 한다는 것은 상상 이상으로 고된 일이다. 초반에는 퇴근하고 집에 돌아오면 녹초가 돼서 아무것도 하지 못했다.

하지만 일본인도 난감할 정도의 고난도 일이 아니라면 충분히 극복할 수 있다. 회사에는 나를 도와주는 선임과 동료들이 있고 인수인계를 해주는 선배가 한국인인 행운도 꽤 많다. 그리고 무엇보다 외국어는 부딪히면서 는다. 일하면서 자연스럽게 느는 외국어의 질과 양은 한국에서 회사에 다니며 일본어를 공부할 때와는 비교할 수조차 없다.

일본 취업을 위한 일본어 수준은 JLPT N1에 합격하는 정도면 충분하다고 생각한다. 실제 내 경우 일본에 취업하고 처음 일본에 갔을 때 일본인과의 대화는 크게 문제가 없었지만 읽고 쓰기는 딱 JLPT N1 턱걸이 수준에 NHK 뉴스를 봐도 안 들리는 말이 너무 많아서 대충 이해하고 넘어갈 정도였다. 그래도 일을 하는 데 큰 문제는 없었다.

하지만 역시 일본 취업에 사신이 생기지 않는다면 한국계 회사에 입사한 다음 일본회사로 옮기는 방법도 있다. 지인 중에 일본에서 한국계 회사에 취업한 친구들이 있었는데 오히려 일본어를 쓸 기회가 너무 없다며 아쉬워하고는 했다. 비자 문제가 해결되었을 때가 전제인 경우도 있지만 우선 일본에서 일할 수 있는 한국계 회사에서 일을 배우고 일본어 실력을 쌓은 뒤 일본 회사로 옮기는 것도 좋은 방법이 될 수 있다. 다만 한국계 회사는 한국 사람도 많고 한국 회사와 사내 분위기도 매우 흡사하므로 한국 회사의 일하는 방식이나 인간관계에서 어려움을 느꼈던 사람이라면 결정에 신중할 필요도 있다.

근면 성실하게, 튀는 행동 금지

일본 사람들은 매우 보수적이다. 튀는 행동을 좋아하지 않아서 조용히 눈에 띄지 않게 자기 할 일만 한다. 일할 때 잡담 하고 핸드폰을 보는 경우도 흔치 않다. 식사도 모여서 하지 않고 따로 하며 일이 끝나면 각자 집으로 돌아가기 바쁘다. 특히, 직장 동료의 사생활은 잘 물어보지 않는다. 몇 년이 지나도록 같은 회사 동료가 결혼했는지조차 잘 모르는 경우도 있었다.

그리고 또 하나의 특징이 일본인 특유의 간접 화법이다. 내가 만났던 일본인 상사는 한국인 상사와 달리 직원에게 잘못을 직접적으로 말하거나 지적하지 않았다. 앞에서는 아무 말도 하지 않다가 나중에 보면 인사평가를 나쁘게 주거나 최악의 경우 갑자기 계약을 종료하는 경우도 있었다.

일본에서는 이치닝마에 一人前 (한사람 몫), 히토리타치 独り立ち (홀로서기)라는 말을 굉장히 많이 쓴다. 사회에 나갔을 때 남에게 폐가 되지 않도록 한 사람분의 몫을 잘 해내야 한다는 뜻이다. 우리나라도 야근, 잔업이 많지만 일본도 다르지 않다. 자신에게 주어진 일이 끝나지 않았다면 끝까지 책임감 있게 하는 모습을 보여주는 것이 좋은 인상으로 이어지는 것은 당연하다.

살인적 물가

백번 천번 강조하고 싶은 부분이 경제적 부분이다. 해외에 처음 정착할 때 이런저런 어려움이 있더라도 초기자본이 충분하면 어려움을 이겨내는 든든한 토대가 된다. 이미 가진 전문적인 기술이나 경력이 있지 않은 한, 처음 일본 회사에 입사하면 한국 회사와 비슷한 초봉을 받는다. 일본이라고 해서 모든 회사가 좋은 복지를 갖추고 있는 것도 아니며 신입에게 후한 월급을 주는 회사도 없다.

특히 일본에서 집을 구할 때 초기 비용이 많이 드는데 일본에서는 '3번 이사하면 망한다'라는 이야기가 있을 정도로 이사에 돈이 많이 든다. 우리나라와 같은 전세 제도가 없고 처음 집을 계약할 때 부동산에 내야 하는 중개수수료와 시키킨(보증금), 레이킨(집주인에게 주는 사례금)이 필요하며, 2년마다 돌아오는 재계약 갱신 때는 한 달 치 월세를 더 얹어서 두 달 치 월세를 내야 한다.

물론 요즘은 시키킨과 레이킨 중 한쪽만 내는 경우가 많아졌고 이벤트식으로 가전을 무료로 준다거나 몇 달 치 월세를 면제해준다거나 하는 경우도 있지만 매우 드문 케이스다. 이런 상황이라 셰어하우스에 들어가거나 누군가와 같이 살지 않는 이상 도쿄에 혼자 집을 얻어 생활한다는 것은 매달 받는 월급만으로는 무척 빠듯하다.

특히 서울의 물가가 많이 비싸졌다고는 하지만 도쿄의 물가와는 아직 비교할 수 없다. 친구들과 오랜만에 번화가에 가서 평소보다 좋은 식사를 하고 카페에 앉아 디저트를 먹었을 뿐인데 하루 지출 4, 5만 원은 금방 넘는다. 여기에 악명높기로 유명한 교통비까지! 하루 마음 잡고 외출한 날 두둑했던 지갑이 텅 빈 채로 돌아오는 경우가 허다했다.

한국에서 돈을 최대한 많이 모은 상태에서 해외 취업에 도전한다면 훨씬 안정적인 생활과 환경에서 업무에만 집중할 수 있다. 정부에서 지원하는 해외 취업 관련 사이트나 해외 취업장려금 같은 정책을 꼼꼼히 살펴보는 것도 중요하다.

Epilogue

逢うべき糸に出逢えることを人は仕合わせと呼びます。

만나야 하는 실과 만나는 것을 사람들은 행복이라고 부릅니다.

- 나카지마 미유키, 「이토(糸)」

일본 사람들은 사람의 인연이 보이지 않는 실로 연결되어 있다고 생각한다. 그리고 일본어로 '행복'을 의미하는 '幸せ(시아와세)'라는 단어의 어원은 여러 사건이 맞물려 만들어지는 운명이라는 뜻의 '仕合せ(시아와세)'에서 온 것이라고 한다. 결국 일본 사람이 생각하는 행복이란, 좋은 일과 나쁜 일이 연속으로 일어나는 하루하루를 묵묵히 살아내는 것, 그리고 그런 하루들이 모여 만들어낸 우연과 운명이 얽힌 결과물이라는 뜻일 것이다.

남들은 한 번에 잘도 통과하는 인생의 여러 관문 앞에서 나는 다른 사람보다 몇 배의 기다림이 필요했다. 대학도 재수, 편입으로 어렵게 들어갔고 한국에서 첫 직장을 구하는데 1년 반이라는 시간이 걸렸다. 그렇게 어렵게 들어간 회사에서는 잘 적응하지 못해 여러 번 직장을 바꿔야 했고, 내 마음 같지 않은 사람들 속에서 상처받으며 현실을 회피하는 루저였다. 하지만 그러기에 더욱 내가 지금 할 수 있는 일을, 행복해질 방법을 끈질기게 찾았다.

그렇게 노력한 끝에 운이 좋게도 일본 최고의 대학원에서 공부하는 기회를 얻었고 너무나 좋아하는 도쿄에 살면서 다양한 직업을 경험했다. 그리고 그런 시간들이 있었기에 지금은 번역가, 작가라는 새로운 꿈에도 도전할 수 있었다. 5년 전, 계속 내 부족함 만을 탓하며 현실에 안주하는 삶을 살았다면 지금의 내 인생은 어떤 모습일까? 정규직, 안정된 위치, 어느 정도 모은 돈, 새로울 것 없는 하루하루…. 지금보다 행복했을까?

현재를 버리고 무조건 도전해야한다는 말은 아니다. 성공할 수도 있지만 물론 실패할 수도 있다. 하지만 무엇이든 하고 나서 후회하는 사람보다 도전하지 않은 사람이 나중에 더 후회가 큰 법이다. 나도 사회적으로 성공했다고는 말할 수 없는 평범한 사람이지만, 도전을 통해 진짜 내가 좋아하는 일을 찾았고 무엇과도 바꿀 수 없는 경험과 자신에 대한 믿음을 얻었다.

용기를 내어 한 걸음 앞으로 나아가면 항해는 시작된다. 어디로 가는지 알 수 없는 망망대해를 표류할지라도 인생이라는 바람은 나를 생각지도 못한 곳으로 데려가 줄 것이다. 서두르거나 조급해하지 않고 가다 보면 보이는 새로운 풍경을 앞으로도 그렇게 즐기며 기대하며 살아가고 싶다. 끝까지 자신을 위한 여행을 포기하지 않는다면 '기적' 그리고 '기회'라는 선물은 분명 또 나에게 찾아올 것이다.

여행은 곧 삶이다. 여행지에서의 기쁨이 인생을 다시 살아갈 힘이 되기도 하고 여행지에서의 아픔이 여행을 끝내고 새로운 삶을 시작할 용기를 주기도 한다. 코로나라는 예상치 못한 재난은 우리의 일상을 송두리째 바꾸어 놓았다. 전 세계가 보이지 않는 어두운 터널 속에 갇혀 시름 하였고 그 두려움은 여전히 계속되고 있다. 도쿄도 예외는 아니었다. 특히 온 국민이 염원하던 2020년 올림픽이 연기되고 무관중 올림픽으로 끝을 맺었으니 어떤 나라 못지않게 아픈 경험을 했다.

도쿄의 아픔을 체감하며 새로운 꿈을 이루기 위해 2021년 한국으로 돌아왔다. 일본에서의 일상은 끝이 났지만 진정한 끝이 아니라는 것을 안다. 모두가 다시 자유로워지는 그날을, 다시 도쿄에서 맞이할 봄날을 기다린다.

다시 도쿄에 봄이 온다면, 만나러 가야지.

도쿄의 하늘은 하얗다

행복을 찾아 떠난 도쿄, 그곳에서의 라이프 스토리

1판 1쇄 인쇄 2022년 7월 25일

1판 1쇄 발행 2022년 8월 10일

지 은 이   오다윤

펴 낸 이   최수진

펴 낸 곳   세나북스

출판등록   2015년 2월 10일 제300-2015-10호.

주   소   서울시 종로구 통일로 18길 9

홈페이지   http://blog.naver.com/banny74

이 메 일   banny74@naver.com

전화번호   02-737-6290

팩   스   02-6442-5438

I S B N   979-11-979164-1-0 03980